RÉPUBLIQUE FRANÇAISE

MINISTÈRE DE L'INTÉRIEUR

DIRECTION DE L'ASSISTANCE ET DE L'HYGIÈNE

BUREAU DE L'HYGIÈNE PUBLIQUE.

STATISTIQUE SANITAIRE

MORTALITÉ PAR MALADIES ÉPIDÉMIQUES

DANS LES PRINCIPALES VILLES DE FRANCE

PENDANT LA 1re PÉRIODE TRIENNALE 1886, 1887 et 1888

D'APRÈS LES BULLETINS MENSUELS FOURNIS PAR LES MUNICIPALITÉS.

MELUN.

IMPRIMERIE ADMINISTRATIVE.

—

M DCCC LXXXIX.

RÉPUBLIQUE FRANÇAISE.

MINISTÈRE DE L'INTÉRIEUR,

DIRECTION DE L'ASSISTANCE ET DE L'HYGIÈNE PUBLIQUES.

BUREAU DE L'HYGIÈNE PUBLIQUE.

STATISTIQUE SANITAIRE.

MORTALITÉ PAR MALADIES ÉPIDÉMIQUES

DANS LES PRINCIPALES VILLES DE FRANCE

PENDANT LA 1re PÉRIODE TRIENNALE 1886, 1887 et 1888

D'APRÈS LES BULLETINS MENSUELS FOURNIS PAR LES MUNICIPALITÉS.

MELUN.

IMPRIMERIE ADMINISTRATIVE.

—

M DCCC LXXXIX.

STATISTIQUE DE LA MORTALITÉ PAR MALADIES ÉPIDÉMIQUES

DANS LES PRINCIPALES VILLES DE FRANCE,

AU NOMBRE DE 229 AYANT UNE POPULATION DE FAIT DE PLUS DE 10.000 HABITANTS,

PENDANT LA 1re PÉRIODE TRIENNALE 1886, 1887 ET 1888.

TITRE ET SOMMAIRE DES TABLEAUX.

Nomenclature alphabétique des 229 villes, avec indication du numéro d'ordre sous lequel elles figurent dans les divers tableaux d'après l'importance décroissante de leur population.

TABLEAUX DE LA MORTALITÉ ANNUELLE ET PROPORTIONNELLE.
(Décès pour 10.000 habitants.)

I.   Mortalité par fièvre typhoïde.

II.   —   par variole.

III.   —   par rougeole.

IV.   —   par diphtérie.

V.   —   par scarlatine.

VI.   —   par coqueluche.

VII.   Mortalité totale par maladies épidémiques et mortalité générale.

VIII.   Tableaux récapitulatifs :

     Récapitulation générale.

     Relevé général de la mortalité proportionnelle.

ANNEXE : Tableau des villes n'ayant fourni que des renseignements nuls ou incomplets.

Dans les différents tableaux ci-dessus, les villes sont réparties d'après le chiffre de leur population, en six groupes comprenant :

Le 1er : 40 villes de 2.260.945 à 41.007 habitants (n°s 1 à 40) ;
Le 2e : 37 villes de 39.600 à 23.491 habitants (n°s 41 à 77) ;
Le 3e : 45 — de 22.781 à 17.024 — (n°s 78 à 122) ;
Le 4e : 38 — de 16.857 à 14.014 — (n°s 123 à 160) ;
Le 5e : 37 — de 13.992 à 11.620 — (n°s 161 à 197) ;
Le 6e : 32 — de 11.542 à 10.030 — (n°s 198 à 229).

Les chiffres de population sont ceux de la population *de fait*.

Ce travail statistique a été établi pour figurer à l'Exposition universelle de 1889, à côté des tableau et carte graphique dressés d'après les mêmes données, dans la Classe 64, Section de l'hygiène.

MORTALITÉ PAR MALADIES ÉPIDÉMIQUES.

NOMENCLATURE PAR ORDRE ALPHABÉTIQUE DES VILLES DE FRANCE AYANT UNE POPULATION
LES DIFFÉRENTS TABLEAUX DU RELEVÉ GÉNÉRAL, D'APRÈS L'IMPORTANCE

(Voir pages 44 et suivantes

VILLES.	DÉPAR-TEMENTS.	NUMEROS D'ORDRE.	VILLES.	DÉPAR-TEMENTS.	NUMEROS D'ORDRE.	VILLES	DÉPAR-TEMENTS.	NUMEROS D'ORDRE.
ABBEVILLE	Somme	102	BOULOGNE-s.-SEINE	Seine	54	DINAN	Côtes-du-Nord	228
AGEN	Lot-et-Garonne	82	BOURG	Ain	110	DÔLE	Jura	169
AIX	B.-du-Rhône	57	BOURGES	Cher	39	DOUAI	Nord	52
AJACCIO	Corse	114	BREST	Finistère	17	DOUARNENEZ	Finistère	204
ALAIS	Gard	80	BRIVE	Corrèze	168	DUNKERQUE	Nord	42
ALBI	Tarn	91						
ALENÇON	Orne	113	CAEN	Calvados	37	ELBEUF-s.-SEINE	Seine-Inférieure	90
AMIENS	Somme	13	CAHORS	Lot	136	ÉPERNAY	Marne	119
ANGERS	Maine-et-Loire	16	CALAIS	Pas-de-Calais	25	ÉPINAL	Vosges	98
ANGOULÊME	Charente	47	CAMBRAI	Nord	76	ÉVREUX	Eure	121
ANNECY	Haute-Savoie	194	CANNES	Alpes-Mariti...	104			
ANNONAY	Ardèche	123	CARCASSONNE	Aude	66	FÉCAMP	Seine-Inférieure	175
ANZIN	Nord	220	CASTRES	Tarn	61	FIRMINY	Loire	161
ARGENTEUIL	Seine-et-Oise	174	CAUDEBEC-LES-ELBEUF	Seine-Inférieure	202	FLERS	Orne	165
ARLES	B.-du-Rhône	77	CETTE	Hérault	44	FONTAINEBLEAU	Seine-et-Marne	151
ARMENTIÈRES	Nord	59	CHALON-s.-SAONE	Saône-et-Loire	78	FONTENAY-LE-COMTE	Vendée	225
ARRAS	Pas-de-Calais	65	CHALONS-s-MARNE	Marne	75	FOUGÈRES	Ille-et-Vilaine	137
ASNIÈRES	Seine	143	CHAMBÉRY	Savoie	95	FOURMIES	Nord	148
AUBERVILLIERS	Seine	85	CHANTENAY	Loire-Inférieure	176	GAP	Hautes-Alpes	198
AUCH	Gers	140	CHARENTON	Seine	178	GENTILLY	Seine	163
AURILLAC	Cantal	149	CHARLEVILLE	Ardennes	123	GIVORS	Rhône	212
AUTUN	Saône-et-Loire	152	CHARTRES	Eure-et-Loir	85	GRAND'COMBE (LA)	Gard	200
AUXERRE	Yonne	116	CHATEAUROUX	Indre	83	GRANVILLE	Manche	197
AVIGNON	Vaucluse	40	CHATELLERAULT	Vienne	117	GRASSE	Alpes-Mariti...	199
			CHAUMONT	Haute-Marne	173	GRENOBLE	Isère	30
BAILLEUL	Nord	171	CHERBOURG	Manche	43	HALLUIN	Nord	150
BAR-LE-DUC	Meuse	108	CHOLET	Maine-et-Loire	124	HAVRE (LE)	Seine-Inférieure	9
BASTIA	Corse	99	CIOTAT (LA)	B.-du-Rhône	210	HAZEBROUCK	Nord	207
BAYONNE	Basses-Pyrénées	64	CLERMONT-FERRAND	Puy-de-Dôme	34	HYÈRES	Var	167
BEAUNE	Côte-d'Or	189	CLICHY	Seine	68			
BEAUVAIS	Oise	109	COGNAC	Charente	141	ISSOUDUN	Indre	144
BELFORT	Haut-Rhin	84	COLOMBES	Seine	162	ISSY	Seine	190
BERGERAC	Dordogne	153	COMMENTRY	Allier	183	IVRY	Seine	98
BESANÇON	Doubs	20	COMPIÈGNE	Oise	155			
BESSÈGES	Gard	211	COURBEVOIE	Seine	138	LAMBÉZELLEC	Finistère	134
BÉTHUNE	Pas-de-Calais	205	CREUSOT (LE)	Saône-et-Loire	63	LANGRES	Haute-Marne	201
BÉZIERS	Hérault	38				LAON	Aisne	166
BLOIS	Loir-et-Cher	87	DAX	Landes	223	LAVAL	Mayenne	50
BOLBEC	Seine-Inférieure	186	DENAIN	Nord	111	LENS	Pas-de-Calais	196
BORDEAUX	Gironde	4	DIEPPE	Seine-Inférieure	70	LEVALLOIS-PERRET	Seine	46
BOULOGNE-s.-MER	Pas-de-Calais	36	DIJON	Côte-d'Or	22	LIBOURNE	Gironde	128

DE PLUS DE 10,000 HABITANTS, AVEC INDICATION DU NUMÉRO SOUS LEQUEL ELLES FIGURENT DANS

RELATIVE DU CHIFFRE DE LEUR POPULATION DE FAIT (229 VILLES).

les chiffres de population).

VILLES.	DÉPAR-TEMENTS.	NUMÉROS D'ORDRE.	VILLES.	DÉPAR-TEMENTS.	NUMÉROS D'ORDRE.	VILLES.	DÉPAR-TEMENTS.	NUMÉROS D'ORDRE.
Liévin	Pas-de-Calais	209	Pamiers	Ariège	221	Saint-Nazaire	Loire-Inférieu"	73
Lille	Nord	5	Pantin	Seine	105	Saint-Omer	Pas-de-Calais	92
Limoges	Haute-Vienne	20	Paris	Seine	1	Saint-Ouen	Seine	94
Lisieux	Calvados	131	Pau	Basses-Pyrénées	51	Saint-Quentin	Aisne	32
Lons-le-Saunier	Jura	179	Périgueux	Dordogne	56	Saint-Servan	Ille-et-Vilaine	181
Lorient	Morbihan	41	Perpignan	Pyrénées-Or'".	48	Saintes	Charente-Infér'	118
Louviers	Eure	214	Petit-Quévilly	Seine-Inférieu"	227	Saumur	Maine-et-Loire	156
Lunéville	Meurthe-et-M	97	Ploemeur	Morbihan	191	Sedan	Ardennes	106
Lyon	Rhône	2	Poitiers	Vienne	45	Sens	Yonne	159
			Pont-a-Mousson	Meurthe-et-M	195	Seyne (La)	Var	172
Macon	Saône-et-Loire	101	Puteaux	Seine	135	Soissons	Aisne	192
Mans (Le)	Sarthe	23	Puy (Le)	Haute-Loire	107	Sotteville - lès-Rouen	Seine-Inférieu"	142
Marseille	B.-du-Rhône	3	Quimper	Finistère	125			
Maubeuge	Nord	112				Tarare	Rhône	184
Mayenne	Mayenne	205	Reims	Marne	12	Tarbes	Haut.-Pyrénées	72
Mazamet	Tarn	147	Rennes	Ille-et-Vilaine	21	Thiers	Puy-de-Dôme	127
Meaux	Seine-et-Marne	182	Riom	Puy-de-Dôme	229	Toul	Meurthe-et-M	218
Melun	Seine-et-Marne	177	Rive-de-Gier	Loire	158	Toulon	Var	19
Millau	Aveyron	133	Roanne	Loire	55	Toulouse	Haute-Garonne	6
Montargis	Loiret	203	Rochefort	Charente-Infe	49	Tourcoing	Nord	27
Montauban	Tarn-et-Garo""	53	Rochelle (La)	Charente-Infe	74	Tours	Indre-et-Loire	24
Montceau-les-Mines	Saône-et-Loire	139	Roche-s-Yon (La)	Vendée	193	Troyes	Aube	35
Montélimar	Drôme	160	Rodez	Aveyron	188	Tulle	Corrèze	130
Montluçon	Allier	62	Romans	Drôme	164			
Montpellier	Hérault	28	Roubaix	Nord	11	Valence	Drôme	71
Montreuil-s²-Bois	Seine	93	Rouen	Seine-Inférieu"	10	Valenciennes	Nord	60
Montrouge	Seine	226				Vannes	Morbihan	100
Morlaix	Finistère	146	Sables - d'Olonne (Les)	Vendée	208	Verdun	Meuse	115
Moulins	Allier	88	Saint-Amand	Nord	185	Versailles	Seine-et-Oise	31
			Saint-Brieuc	Côtes-du-Nord	103	Vichy	Allier	222
Nancy	Meurthe-et-M	14	Saint-Chamond	Loire	154	Vienne	Isère	69
Nantes	Loire-Inférieu"	7	Saint-Denis	Seine	33	Vierzon-ville	Cher	216
Narbonne	Aude	58	Saint-Dié	Vosges	122	Villefranche-sur-Saône	Rhône	180
Neuilly-s.-Seine	Seine	67	Saint-Dizier	Haute-Marne	170	Villeneuve-s-Lot	Lot-et-Garonne	145
Nevers	Nièvre	70	Saint-Etienne	Loire	8	Villeurbanne	Rhône	157
Nice	Alpes-Mariti""	15	Saint-Germain-en-Laye	Seine-et-Oise	129	Vincennes	Seine	89
Nimes	Gard	18	Saint-Lô	Manche	215	Vitré	Ille-et-Vilaine	219
Niort	Deux-Sèvres	81	Saint-Malo	Ille-et-Vilaine	213	Voiron	Isère	187
Orange	Vaucluse	224	Saint-Mandé	Seine	217			
Orléans	Loiret	23	Saint-Maur	Seine	132	Wattrelos	Nord	120

Le signe — correspond au mot *néant*.
Le signe » indique *absence de renseignement*.

MORTALITÉ PAR MALADIES ÉPIDÉMIQUES

DANS LES VILLES DE FRANCE DE PLUS DE 10.000 HABITANTS,

PENDANT LA 1re PÉRIODE TRIENNALE 1886, 1887 ET 1888.

TABLEAU I.

MORTALITÉ PAR FIÈVRE TYPHOÏDE.

NOMBRE DES DÉCÈS RELEVÉS ET PROPORTION POUR 10.000 HABITANTS.

(Les chiffres de population figurent aux pages 44 et suivantes.)

Les 229 villes représentées sont réparties en six groupes suivis d'une récapitulation.

Les totaux portés au bas de chaque tableau sous la rubrique « Résultats comparatifs » correspondent aux seules villes, au nombre de 195, qui ont fourni des bulletins réguliers pendant les trois années consécutives, déduction faite des chiffres plus ou moins incomplets produits par les 34 autres villes. (Voir en annexe, page 71, la liste de ces 34 villes, avec l'indication des lacunes existant dans la production des bulletins statistiques.)

Les chiffres ou totaux incomplets sont marqués d'un *astérisque*.

La dernière colonne de chaque tableau donne le rang occupé par chaque ville d'après le chiffre de mortalité proportionnelle, sur l'ensemble des 195 villes ayant fourni des résultats comparatifs.

MORTALITÉ PAR MALADIES ÉPIDÉMIQUES.

I. — MORTALITÉ PAR FIÈVRE TYPHOÏDE.

NUMÉROS D'ORDRE.	VILLES.	NOMBRE DE DÉCÈS.				PROPORTION POUR 10.000 HABITANTS.				RANG OCCUPÉ.
		1886.	1887.	1888.	TOTAL.	1886.	1887.	1888.	TOTALE.	
1	Paris	954	1.385	756	3.095	4,2	6,1	3,3	13,6	101
2	Lyon	145	125	87	357	3,6	3,1	2,1	8,9	152
3	Marseille	385	472	385	1.242	10,2	12,5	10,2	33,0	25
4	Bordeaux	129	222	157	508	5,4	9.3	6,6	21,4	58
5	Lille	39	35	22	96	2,0	1,8	1,1	5,1	186
6	Toulouse	157	133	148	438	10,8	9,1	10,2	30,6	28
7	Nantes	39	87	62	188	3,0	6,8	4,9	14,9	83
8	Saint-Étienne	32	39	25	96	2,7	3,2	2,1	8,1	161
9	Le Havre	82	409	288	779	7,3	36,7	25,8	70,0	2
10	Rouen	50	121	87	258	4,6	11,3	8,1	24,2	47
11	Roubaix	27	26	28	81	2,6	2,5	2,7	8,0	163
12	Reims	63	32	25	120	6,4	3,2	2,5	12,2	122
13	Amiens	27	44	24	95	3,3	5,5	3,0	11,9	124
14	Nancy	55	32	38	125	6,9	4,0	4,8	15,8	77
15	Nice	35	49	90	174	4,7	6,6	12,1	23.5	51
16	Angers (a)	* 10	* 5	* 17	* 32	* 1,3	* 0,6	* 2,3	* 4,3	»
17	Brest	45	82	80	207	6,3	11,5	11,2	29,2	35
18	Nîmes	53	48	58	159	7,5	6,8	8,2	22,7	54
19	Toulon	57	39	22	118	8,2	5,6	3,1	16.9	69
20	Limoges	24	18	23	65	3,5	2,6	3,3	9,5	147
21	Rennes	33	31	35	99	4,9	4,6	5,2	15,1	84
22	Dijon	38	19	13	70	6,1	3,0	2,0	11,3	129
23	Orléans	23	9	12	44	3,7	1,4	1,9	7,2	172
24	Tours	53	54	35	142	8,9	9,1	5,9	23,9	49
25	Calais	10	31	23	64	1,6	5,2	3,9	10,9	133
26	Le Mans	44	12	32	88	7,6	2,0	5,5	15,3	82
27	Tourcoing	13	11	31	55	2,2	1,9	5,4	9,6	146
28	Montpellier	48	74	79	201	8,4	12,9	13,9	35,4	20
29	Besançon	111	18	39	168	19,7	3,1	6,9	29,8	31
30	Grenoble . .	14	24	18	56	2,7	4,6	3,5	10,9	134
31	Versailles	33	20	14	67	6,6	4,0	2,8	13,4	104
32	Saint-Quentin	10	9	6	25	2,1	1,9	1,2	5,3	184
33	Saint-Denis	15	32	21	68	3,1	6,8	4,4	14,5	90
34	Clermont-Ferrand	68	20	15	103	14,6	4,3	3,2	22,1	55
35	Troyes	78	25	20	123	16,8	5,3	4,3	26,5	39
36	Boulogne-sur-mer	1	14	26	41	0,2	3,0	5,7	9,0	151
37	Caen (a)	»	* 13	* 23	* 36	»	* 2,9	* 5,2	* 8,1	»
38	Béziers	33	52	55	140	7,7	12,1	12,9	32,7	27
39	Bourges	14	21	21	56	3,2	4,8	4,8	13,0	107
40	Avignon	25	44	28	97	6,0	10,7	6,8	23,6	50
	TOTAUX .	3.072	3.936	2.968	9.976					
	A déduire (2 villes a) . . .	10	18	40	68					
	Résultats comparatifs . . (38 villes.)	3.062	3.918	2.928	9.908	5,3	6,7	5,0	17,1	

(a) Angers (16) et Caen (37).

I. — MORTALITÉ PAR FIÈVRE TYPHOÏDE (*Suite*).

NUMÉROS D'ORDRE.	VILLES.	NOMBRE DE DÉCÈS.				PROPORTION POUR 10.000 HABITANTS.				RANG OCCUPÉ.
		1886.	1887.	1888.	TOTAL.	1886.	1887.	1888.	TOTALE.	
41	Lorient................	48	40	113	201	12,1	9,9	28,5	50,7	9
42	Dunkerque	12	9	10	31	3,1	2,3	2,6	8,1	160
43	Cherbourg (*a*).........	»	57	88	* 145	»	15,4	23,5	* 39,1	»
44	Cette	41	43	46	130	11,1	11,6	12,4	35,2	21
45	Poitiers (*a*)...........	* 2	»	»	* 2	* 0,5	»	»	* 0,5	»
46	Levallois–Perret	18	31	20	69	5,2	9,0	5,7	19,9	64
47	Angoulême............	36	132	53	221	10,4	38,3	15,4	64,2	5
48	Perpignan	33	27	27	87	9,6	7,8	7,8	25,4	42
49	Rochefort.............	21	27	23	71	6,7	8,6	7,3	22,7	53
50	Laval	20	8	13	41	6,6	2,6	4,3	13,5	50
51	Pau	16	12	9	37	5,2	3,9	2,9	12,2	121
52	Douai................	13	15	10	38	4,3	5,0	3,3	12,8	109
53	Montauban	26	18	28	72	8,8	6,1	9,5	24,4	46
54	Boulogne-sur-Seine	13	7	21	41	4,4	2,3	7,1	13,9	98
55	Roanne	8	4	2	14	2,7	1,3	0,6	4,8	189
56	Périgueux	13	20	9	42	4,4	6,8	3,0	14,4	91
57	Aix..................	13	19	29	61	4,4	6,5	9,9	20,9	60
58	Narbonne (*a*).........	»	44	21	* 65	»	15,4	7,3	* 22,8	»
59	Armentières	42	20	30	92	14,9	7,1	10,7	32,8	26
60	Valenciennes (*a*)	* 2	5	10	* 17	* 0,7	1,8	3,6	* 6,2	»
61	Castres	65	34	43	142	23,8	12,4	15,7	52,0	8
62	Montluçon (*a*)	* 6	»	* 16	* 22	* 2,2	»	* 5,9	* 8,1	»
63	Le Creusot............	7	5	10	22	2,6	1,8	3,7	8,2	158
64	Bayonne	7	15	13	35	2,6	5,6	4,8	13,1	106
65	Arras	12	7	3	22	4,5	2,6	1,1	8,3	156
66	Carcassonne...........	25	8	3	36	9,4	3,0	1,1	13,6	100
67	Neuilly	9	8	12	29	3,4	3,0	4,6	11,1	132
68	Clichy	5	17	10	32	1,9	6,5	3,8	12,3	119
69	Vienne...............	12	12	13	37	4,7	4,7	5,1	14,5	89
70	Nevers	22	10	3	35	8,8	4,0	1,2	14,1	94
71	Valence	23	12	10	45	9,3	4,8	4,0	18,2	66
72	Tarbes (*a*)...........	* 6	22	32	* 60	* 2,4	8,9	13,0	* 24,4	»
73	Saint-Nazaire..........	2	24	10	36	0,8	9,8	4,1	14,8	87
74	La Rochelle (*a*)........	* 1	11	8	* 20	* 0,4	4,5	3,3	* 8,3	»
75	Châlons-sur-Marne	7	2	6	15	2,9	0,8	2,5	6,3	177
76	Cambrai..............	5	5	7	17	2,1	2,1	2,9	7,2	171
77	Arles	25	26	27	78	10,6	11 »	11,4	33,1	24
	TOTAUX.........	616	756	788	2.160					
	A déduire (7 villes *a*)..	17	139	175	331					
	Résultats comparatifs.... (30 villes.)	599	617	613	1.829	6,8	7,1	7,1	21,1	

(*a*) Cherbourg (43), Poitiers (45), Narbonne (58), Valenciennes (60), Montluçon (62), Tarbes (72) et La Rochelle (74).

I. — MORTALITÉ PAR FIÈVRE TYPHOÏDE (*Suite*).

NUMÉROS D'ORDRE	VILLES	NOMBRE DE DÉCÈS				PROPORTION TOTALE (p. 10.000 habitants)	RANG OCCUPÉ
		1886	1887	1888	TOTAL		
78	Chalon-sur-Saône	3	8	6	17	7,4	168
79	Dieppe	11	5	11	27	11,8	126
80	Alais	11	17	10	38	16,8	70
81	Niort	31	49	24	104	46,2	10
82	Agen	25	9	12	46	20,8	61
83	Châteauroux	8	8	20	36	16,3	73
84	Belfort	10	9	4	23	10,5	137
85	Chartres (a)	»	»	»	»	»	»
86	Aubervilliers	17	32	15	64	29,2	34
87	Blois	9	8	12	29	13,3	105
88	Moulins (a)	6	»	»	6	2,7	»
89	Vincennes	4	10	6	20	9,2	150
90	Elbeuf	2	21	6	29	13,4	103
91	Albi	23	10	10	43	20,2	63
92	Saint-Omer	-	3	3	6	2,8	192
93	Montreuil-s'-Bois	7	10	4	21	9,9	141
94	Saint-Ouen	4	37	10	51	24,5	45
95	Chambéry (a)	9	13	»	22	10,5	»
96	Ivry	9	12	10	31	14,9	85
97	Lunéville	11	35	28	74	35,0	18
98	Epinal	3	9	8	20	9,8	143
99	Bastia	31	12	17	60	29,5	33
100	Vannes	25	22	14	61	30,5	29
101	Mâcon	16	11	3	30	15,2	83
102	Abbeville	3	8	9	20	10,1	140
103	Saint-Brieuc	25	16	26	67	34,8	22
104	Cannes	3	8	13	24	12,4	116
105	Pantin	5	10	5	20	10,4	138
106	Sedan	3	5	6	14	7,3	169
107	Le Puy	2	11	11	24	12,6	113
108	Bar-le-Duc	6	5	8	19	10,3	139
109	Beauvais	10	6	13	29	15,8	76
110	Bourg	7	-	7	14	7,8	165
111	Denain	8	7	7	22	12,3	118
112	Maubeuge	6	3	8	17	9,6	145
113	Alençon	15	7	3	25	14,2	92
114	Ajaccio	20	18	14	52	29,7	32
115	Verdun	16	13	40	69	39,4	12
116	Auxerre (a)	»	»	»	»	»	»
117	Châtellerault	8	13	15	36	20,6	62
118	Saintes	5	12	5	22	12,7	111
119	Epernay	13	13	5	31	17,9	68
120	Wattrelos	2	3	5	10	5,8	180
121	Evreux	11	15	11	37	21,7	56
122	Saint-Dié	8	8	6	22	12,9	108
	TOTAUX	451	531	450	1.432		
	A déduire (4 villes a)	15	13	»	28		
	Résultats comparatifs (41 villes.)	436	518	450	1.404	17,3	

NUMÉROS D'ORDRE	VILLES	NOMBRE DE DÉCÈS				PROPORTION TOTALE (p. 10.000 habitants)	RANG OCCUPÉ
		1886	1887	1888	TOTAL		
168	Annonay	14	7	22	43	25,4	41
124	Cholet	1	16	4	21	12,4	115
125	Quimper (a)	»	»	»	»	»	»
126	Charleville	3	3	3	9	5,3	183
127	Thiers (a)	-	3	»	3	1,8	»
128	Libourne	4	2	8	14	8,5	154
129	Saint-Germain	9	7	8	24	14,7	88
130	Tulle	8	11	16	35	21,4	57
131	Lisieux	8	23	8	39	24,1	48
132	Saint-Maur	4	5	4	13	8,1	159
133	Millau	22	16	24	62	39,0	13
134	Lambézellec (a)	»	31	9	40	25,4	»
135	Puteaux	4	18	20	42	26,9	38
136	Cahors	25	15	30	70	44,8	11
137	Fougères	-	4	-	4	2,5	194
138	Courbevoie	4	11	26	41	26,4	40
139	Monceau-les-Mines	11	10	14	35	23,0	52
140	Auch	3	9	7	19	12,4	114
141	Cognac	3	6	9	18	11,8	125
142	Sotteville-l.-Rouen	16	19	11	46	30,2	30
143	Asnières	2	7	12	21	14,0	96
144	Issoudun	12	8	4	24	16,2	74
145	Villeneuve-sur-Lot	22	10	9	41	27,8	36
146	Morlaix	3	5	2	10	6,8	173
147	Mazamet	8	1	15	24	16,3	72
169	Fourmies	1	1	4	6	4,0	191
149	Aurillac	5	9	4	18	12,3	117
150	Halluin	6	12	5	23	15,7	78
151	Fontainebleau	5	2	5	12	8,2	157
165	Autun	6	4	1	11	7,6	167
153	Bergerac	-	50	35	85	59,0	7
154	Saint-Chamond	3	5	4	12	8,3	155
155	Compiègne	18	9	9	36	25,1	43
156	Saumur	2	5	7	14	9,8	142
157	Villeurbanne	1	4	4	9	6,3	176
158	Rive-de-Gier	2	3	1	6	4,2	190
159	Sens (a)	»	2	2	4	2,8	»
160	Montélimar	2	8	3	13	9,2	149
	TOTAUX	237	361	349	947		
	A déduire (4 villes a)	»	36	11	47		
	Résultats comparatifs (34 villes.)	237	325	338	900	17,4	

(a) Chartres (85), Moulins (88), Chambéry (95) et Auxerre (116)

(a) Quimper (125), Thiers (127), Lambézellec (134) et Sens (159)

I. — MORTALITÉ PAR FIÈVRE TYPHOÏDE (*Suite*).

NUMÉROS D'ORDRE	VILLES	NOMBRE DE DÉCÈS				PROPORTION TOTALE p. 10.000 habitants	RANG OCCUPÉ
		1886	1887	1888	TOTAL		
161	Firminy	2	4	5	11	7,8	164
162	Colombes (a)	»	10	5	*15	*10,7	»
163	Gentilly	3	3	1	7	5,0	187
164	Romans	12	3	-	15	10,8	136
165	Flers (a)	2	»	»	*2	*1,4	»
166	Laon (a)	»	»	»	»	»	»
167	Hyères (a)	»	»	»	»	»	»
168	Brive	30	18	33	81	60,4	6
169	Dôle	5	3	7	15	11,1	131
170	Saint-Dizier	-	5	2	7	5,2	185
171	Bailleul (a)	3	2	»	*5	*3,7	»
172	La Seyne (b)	9	138	61	208	157,8	1
173	Chaumont	3	4	4	11	8,5	153
174	Argenteuil	15	9	3	27	21,0	59
175	Fécamp	1	5	2	8	6,2	178
176	Chantenay (a)	»	3	6	*9	*7,1	»
177	Melun	3	5	2	10	8,0	162
178	Charenton	7	9	15	31	24,7	44
179	Lons-le-Saunier	1	2	3	6	4,8	188
180	Villefranche	4	4	1	9	7,2	170
181	Saint-Servan	4	12	4	20	16,1	75
182	Meaux	6	3	5	14	11,2	130
183	Commentry	4	2	6	12	9,7	144
184	Tarare	6	1	1	8	6,5	175
185	Saint-Amand	3	2	3	8	6,6	174
186	Bolbec	2	47	30	79	65,8	3
187	Voiron	2	5	13	20	16,6	71
188	Rodez	29	6	9	44	37,0	16
189	Beaune	-	5	2	7	5,8	179
190	Issy	4	8	3	15	12,6	112
191	Ploemeur	13	30	34	77	65,2	4
192	Soissons	6	3	6	15	12,7	110
193	La Roche-sur-Yon	23	3	6	32	27,1	37
194	Annecy	4	4	3	11	9,4	148
195	Pont-à-Mousson	4	3	2	9	7,6	166
196	Lens	14	6	1	21	18,1	67
197	Granville	6	1	11	18	15,5	81
	TOTAUX	230	368	289	887		
	A déduire (6 villes a)	5	15	11	31		
	Résultats comparatifs (31 villes)	225	353	278	856	22,1	

NUMÉROS D'ORDRE	VILLES	NOMBRE DE DÉCÈS				PROPORTION TOTALE p. 10.000 habitants	RANG OCCUPÉ
		1886	1887	1888	TOTAL		
198	Gap	18	16	6	40	34,7	23
199	Grasse	6	4	3	13	11,3	128
200	La Grand-Combe	1	2	-	3	2,6	193
201	Langres	4	2	6	12	10,8	135
202	Caudebec	10	23	7	40	36,3	17
203	Montargis	1	4	1	6	5,4	182
204	Douarnenez (a)	»	30	12	*42	*38,5	»
205	Mayenne (a)	»	»	»	»	»	»
206	Béthune	6	5	2	13	12,0	123
207	Hazebrouck	3	7	5	15	13,8	99
208	Sables-d'Olonne (a)	»	»	»	»	»	»
209	Liévin (a)	»	4	2	*6	*5,6	»
210	La Ciotat (a)	»	5	7	*12	*11,2	»
211	Béssèges	6	7	2	15	14,0	95
212	Givors	5	8	2	15	14,1	93
213	Saint-Malo	5	3	4	12	11,3	127
214	Louviers	-	9	4	13	12,2	120
215	Saint-Lô	22	6	12	40	37,7	15
216	Vierzon-ville (a)	»	3	2	*5	*4,7	»
217	Saint-Mandé (a)	»	35	12	*47	*44,7	»
218	Toul	2	2	2	6	5,7	181
219	Vitré (a)	*2	»	»	*2	*1,9	»
220	Anzin	-	-	-	-	-	195
221	Pamiers	10	19	10	39	37,8	14
222	Vichy (a)	»	12	5	*17	*16,5	»
223	Dax	8	-	8	16	15,5	80
224	Orange	6	6	8	20	19,4	65
225	Fontenay-le-Comte	2	6	8	16	15,6	79
226	Montrouge (a)	»	1	3	*4	*3,9	»
227	Petit-Quévilly (a)	»	13	6	*19	*18,8	»
228	Dinan	6	14	16	36	35,6	19
229	Riom	2	5	7	14	13,9	97
	TOTAUX	125	251	162	538		
	A déduire (11 villes a)	2	103	49	154		
	Résultats comparatifs (21 villes)	123	148	113	384	17,1	

(a) Colombes (162), Flers (165), Laon (166), Hyères (167), Bailleul (171) et Chanteray (176).
(b) Siège de l'hôpital maritime de Saint-Mandrier.

(a) Douarnenez (204), Mayenne (205), Sables-d'Olonne (208), Liévin (209), La Ciotat (210). Vierzon-Ville (216), Saint-Mandé (217), Vitré (219), Vichy (222), Montrouge (226), Petit-Quévilly (227).

MORTALITÉ PAR FIÈVRE TYPHOÏDE.

RÉCAPITULATIONS.

Nombre total des décès relevés pour l'ensemble des villes.

GROUPES DE VILLES.	1886.	1887.	1888.	TOTAL.
1er groupe	3.072	3.936	2.968	9.976
2e —	616	756	788	2.160
3e —	451	531	450	1.432
4e —	237	361	349	947
5e —	230	368	289	887
6e —	125	251	162	538
Totaux	4.731	6.203	5.006	15.940

Résultats comparatifs et proportionnels pour 195 villes.

GROUPES.	NOMBRE de villes.	POPULATION.	NOMBRE DE DÉCÈS.				PROPORTION POUR 10.000 HABITANTS.			
			1886.	1887.	1888.	TOTAL.	1886.	1887.	1888.	TOTALE.
1er groupe	38	5.768.888	3.062	3.918	2.928	9.908	5,3	6,7	5,0	17,1
2e —	30	868.590	599	617	613	1.829	6,8	7,1	7,0	21,0
3e —	41	810.688	436	518	450	1.404	5,3	6,4	5,5	17,3
4e —	34	516.559	237	325	338	900	4,6	6,3	6,5	17,4
5e —	31	386.566	225	353	278	856	5,8	9,1	7,1	22,1
6e —	21	224.285	123	148	113	384	5,4	6,6	5,0	17,1
Totaux	195	8.575.576	4.682	5.879	4.727	15.288	5,4	6,8	5,5	17,8

MORTALITÉ PAR MALADIES ÉPIDÉMIQUES

DANS LES VILLES DE FRANCE DE PLUS DE 10.000 HABITANTS,

PENDANT LA 1ʳᵉ PÉRIODE TRIENNALE 1886, 1887 ET 1888.

TABLEAU II.

MORTALITÉ PAR VARIOLE.

NOMBRE DES DÉCÈS RELEVÉS ET PROPORTION POUR 10.000 HABITANTS.

(Les chiffres de population figurent aux pages 44 et suivantes.)

Les 229 villes représentées sont réparties en six groupes suivis d'une récapitulation.

Les totaux portés au bas de chaque tableau sous la rubrique « Résultats comparatifs » correspondent aux seules villes, au nombre de 195, qui ont fourni des bulletins réguliers pendant les trois années consécutives, déduction faite des chiffres plus ou moins incomplets produits par les 34 autres villes. (Voir en annexe, page 71, la liste de ces 34 villes, avec l'indication des lacunes existant dans la production des bulletins statistiques.)

Les chiffres ou totaux incomplets sont marqués d'un *astérisque.*

La dernière colonne de chaque tableau donne le rang occupé par chaque ville, d'après le chiffre de mortalité proportionnelle, sur l'ensemble des 195 villes ayant fourni des résultats comparatifs.

II. — MORTALITÉ PAR VARIOLE.

NUMÉROS D'ORDRE	VILLES	NOMBRE DE DÉCÈS.				PROPORTION POUR 10,000 HABITANTS.				RANG OCCUPÉ.
		1886.	1887.	1888.	TOTAL.	1886.	1887.	1888.	TOTALE.	
1	Paris	203	394	258	855	0,8	1,7	1,1	3,7	87
2	Lyon	9	9	56	74	0,2	0,2	1,3	1,8	117
3	Marseille	2.050	58	120	2.228	54,5	1,5	3,1	59,2	7
4	Bordeaux	37	5	4	46	1,5	0,2	0,1	1,9	114
5	Lille	83	5	14	102	4,4	0,2	0,7	5,4	70
6	Toulouse	5	202	37	244	0,3	13,9	2,6	16,8	37
7	Nantes	1	12	17	30	0,07	0,9	1,3	2,3	103
8	Saint-Étienne	–	2	3	5	–	0,1	0,2	0,4	149
9	Le Havre	7	62	150	219	0,6	5,5	13,4	19,6	29
10	Rouen	58	18	10	86	5,4	1,6	0,9	8,0	57
11	Roubaix	2	1	1	4	0,1	0,09	0,09	0,3	151
12	Reims	114	16	40	170	11,6	1,6	4,0	17,3	36
13	Amiens	–	3	127	130	–	0,4	16,0	16,3	38
14	Nancy	–	2	2	4	–	0,2	0,2	0,5	146
15	Nice	38	193	20	251	5,1	26,1	2,6	33,9	18
16	Angers (a)	»	* 76	* 21	* 97	»	* 10,4	* 2,8	* 13,2	»
17	Brest	2	254	202	458	0,2	35,8	28,5	64,6	4
18	Nîmes	5	11	11	27	0,7	1,5	1,5	3,8	86
19	Toulon	134	17	1	152	19,3	2,4	0,1	21,9	25
20	Limoges	1	–	1	2	0,1	–	0,1	0,2	154
21	Rennes	49	14	19	82	7,4	2,1	2,8	12,4	45
22	Dijon	12	–	–	12	1,9	–	–	1,9	113
23	Orléans	–	1	1	2	–	0,1	0,1	0,3	153
24	Tours	44	45	2	91	7,4	7,5	0,3	15,3	39
25	Calais	28	175	18	221	4,7	29,8	3,0	37,6	16
26	Le Mans	–	–	17	17	–	–	2,9	2,9	93
27	Tourcoing	1	–	–	1	0,1	–	–	0,1	155
28	Montpellier	2	1	112	115	0,3	0,1	19,7	20,2	28
29	Besançon	22	2	3	27	3,8	0,3	0,5	4,7	75
30	Grenoble	–	46	21	67	–	9,0	4,1	13,1	40
31	Versailles	1	12	6	19	0,2	2,4	1,2	3,8	86
32	Saint-Quentin	–	–	–	–	–	–	–	–	195
33	Saint-Denis	17	58	15	90	3,6	12,3	3,1	19,2	31
34	Clermont-Ferrand	2	52	3	57	0,4	11,2	0,6	12,2	48
35	Troyes	–	8	5	13	–	1,7	1,0	2,7	97
36	Boulogne-sur-mer	–	–	–	–	–	–	–	–	194
37	Caen (a)	»	* 3	* 29	* 32	»	* 0,6	6,5	* 7,2	»
38	Béziers	4	6	91	101	0,9	1,3	21,2	23,5	23
39	Bourges	2	3	48	53	0,4	0,6	11,2	12,3	47
40	Avignon	14	117	–	131	3,4	28,5	–	32,0	20
	TOTAUX...	2.947	1.883	1.485	6.315					
	A déduire (2 villes a)...	»	79	50	129					
	Résultats comparatifs... (38 villes.)	2.947	1.804	1.435	6.186	5,1	3,1	2,4	10,7	

(α) Angers (16) et Caen (37).

II. — Mortalité par variole (Suite).

NUMÉROS D'ORDRE.	VILLES.	NOMBRE DE DÉCÈS.				PROPORTION POUR 10.000 HABITANTS.				RANG OCCUPÉ.
		1886.	1887.	1888.	TOTAL.	1886.	1887.	1888.	TOTALE.	
41	Lorient	-	28	126	154	-	7,0	31,8	38,8	14
42	Dunkerque	-	1	10	11	-	0,2	2,6	2,8	96
43	Cherbourg (a)	»	-	1	* 1	»	-	0,2	* 0,2	»
44	Cette	-	32	237	269	-	8,6	64,2	72,9	2
45	Poitiers (a)	* 13	»	»	* 13	* 3,5	»	»	* 3,5	»
46	Levallois-Perret	-	10	1	11	-	2,8	0,2	3,1	90
47	Angoulême	-	2	2	4	-	0,5	0,4	1,1	126
48	Perpignan	-	-	144	144	-	-	42,1	42,1	10
49	Rochefort	4	1	21	23	1,2	0,3	6,7	8,3	56
50	Laval	30	..	-	30	9,9	-	-	9,9	52
51	Pau	1	-	-	1	0,3	-	-	0,3	152
52	Douai	-	20	10	30	-	6,7	3,3	10,1	51
53	Montauban	1	-	1	2	0,3	-	0,3	0,6	140
54	Boulogne-sur-Seine	1	2	2	5	0,3	0,6	0,6	1,7	119
55	Roanne	* 2	30	24	56	0,6	10,2	8,2	19,1	32
56	Périgueux	13	-	-	13	4.4	-	-	4,4	79
57	Aix	21	4	-	25	7,2	1,3	-	8,5	55
58	Narbonne (a)	»	22	50	* 72	»	7,7	17,6	* 25,3	»
59	Armentières	-	4	-	4	-	1,4	-	1,4	122
60	Valenciennes (a)	»	8	19	* 27	»	2,9	6,9	* 9,8	»
61	Castres	5	32	11	48	1,8	11,7	4,0	17,5	35
62	Montluçon (a)	* 37	»	* 1	* 38	* 13,7	»	* 0,3	* 14,0	»
63	Le Creusot	91	2	8	101	34,0	0,7	2,9	37,6	15
64	Bayonne	-	2	6	8	-	0,7	2,2	2,9	92
65	Arras	6	8	2	16	2,2	3,0	0,7	6,0	68
66	Carcassonne	-	1	23	24	-	0,3	8,7	9,0	54
67	Neuilly	-	1	3	4	-	0,3	1,1	1,5	121
68	Clichy	1	2	7	10	0,4	0,7	2,7	3,8	85
69	Vienne	-	-	9	9	-	-	3,5	3,5	88
70	Nevers	3	70	1	74	* 1,2	28,2	0,4	29.8	21
71	Valence	-	-	1	1	-	-	0,4	0,4	150
72	Tarbes (a)	»	-	..	»	»	-	-	»	»
73	Saint-Nazaire	-	55	31	86	-	22,6	12,7	35,3	17
74	La Rochelle (a)	»	-	-	»	»	-	-	»	»
75	Châlons-sur-Marne	5	-	1	6	2,1	-	0,4	2,5	100
76	Cambrai	-	2	2	4	-	0,8	0,8	1,7	118
77	Arles	1	2	7	10	0,4	0,8	2,9	4,2	80
	Totaux	235	341	761	1.337					
	A déduire (7 villes a)	50	30	71	151					
	Résultats comparatifs (30 villes.)	185	311	690	1.186	2,1	3,6	7,9	13,6	

(a) Cherbourg (43), Poitiers (45), Narbonne (58), Valenciennes (60), Montluçon (62), Tarbes (72), La Rochelle (74).

II. — MORTALITÉ PAR VARIOLE (Suite).

NUMÉROS D'ORDRE	VILLES	NOMBRE DE DÉCÈS				PROPORTION TOTALE p. 10.000 habitants	RANG OCCUPÉ
		1886	1887	1888	TOTAL		
78	Chalon-sur-Saône .	-	-	1	1	0,4	148
79	Dieppe	-	3	-	3	1,3	124
80	Alais	-	2	3	5	2,2	109
81	Niort	-	-	-	-	-	193
82	Agen	-	-	2	2	0,9	131
83	Châteauroux	1	5	-	6	2,7	99
84	Belfort	16	-	1	17	7,7	58
85	Chartres (a)	»	»	»	»	»	»
86	Aubervilliers	-	18	15	33	15,0	41
87	Blois	-	-	-	-	-	192
88	Moulins (a)	»	»	»	»	»	»
89	Vincennes	2	3	1	6	2,7	98
90	Elbœuf	-	5	-	5	2,3	106
91	Albi	-	-	27	27	12,7	46
92	Saint-Omer	-	-	-	-	-	191
93	Montreuil-s'-bois .	-	3	2	5	2,3	104
94	Saint-Ouen	1	2	4	7	3,3	89
95	Chambéry (a)	-	-	»	»	»	»
96	Ivry	2	3	1	6	2,8	94
97	Lunéville	-	1	1	2	0,9	128
98	Epinal	-	-	1	1	0,4	147
99	Bastia	5	69	5	79	38,9	13
100	Vannes	-	-	11	11	5,5	69
101	Mâcon	-	-	-	-	-	190
102	Abbeville	2	-	2	4	2,0	111
103	Saint-Brieuc	10	28	4	42	21,8	27
104	Cannes	-	8	1	9	4,6	77
105	Pantin	6	16	21	43	22,3	24
106	Sedan	-	-	13	13	6,8	62
107	Le Puy	1	-	7	8	4,2	81
108	Bar-le-Duc	-	-	-	-	-	189
109	Beauvais	18	-	7	25	13,6	44
110	Bourg	-	-	-	-	-	188
111	Denain	-	-	-	-	-	187
112	Maubeuge	-	6	6	12	6,8	63
113	Alençon	1	1	-	2	1,1	127
114	Ajaccio	1	8	-	9	5,1	72
115	Verdun	-	3	1	4	2,2	107
116	Auxerre (a)	»	»	»	»	»	»
117	Châtellerault	-	15	9	24	13,7	43
118	Saintes	-	-	-	-	-	186
119	Epernay	1	-	-	1	0,5	145
120	Wattrelos	-	-	-	-	-	185
121	Evreux	1	10	14	25	14,7	42
122	Saint-Dié	-	-	-	-	-	184
	TOTAUX	68	209	160	437		
	A déduire (4 villes a)	»	»	»	»		
	Résultats comparatifs (41 villes)	68	209	160	437	5,3	

NUMÉROS D'ORDRE	VILLES	NOMBRE DE DÉCÈS				PROPORTION TOTALE p. 10.000 habitants	RANG OCCUPÉ
		1886	1887	1888	TOTAL		
123	Annonay	-	1	-	1	0,5	144
124	Cholet	-	11	21	32	19,0	33
125	Quimper (a)	»	»	27	27	16,1	»
126	Charleville	1	-	-	1	0,5	143
127	Thiers (a)	3	2	»	5	3,0	»
128	Libourne	-	-	-	-	-	183
129	Saint-Germain	5	-	-	5	3,0	91
130	Tulle	-	-	-	-	-	182
131	Lisieux	-	-	3	3	1,8	116
132	Saint-Maur	-	2	1	3	1,8	115
133	Millau	-	-	2	2	1,2	125
134	Lambézellec (a)	»	21	195	216	137,8	»
135	Puteaux	-	2	6	8	5,1	73
136	Cahors	10	-	1	11	7,0	60
137	Fougères	-	52	57	109	69,8	3
138	Courbevoie	-	-	-	-	-	181
139	Monceau-les-Mines	5	77	57	139	91,4	1
140	Auch	-	-	1	1	0,6	142
141	Cognac	-	-	-	-	-	180
142	Sotteville-l.-Rouen	3	-	-	3	1,9	112
143	Asnières	-	-	1	1	0,6	141
144	Issoudun	-	-	-	-	-	179
145	Villeneuve-sur-Lot.	-	1	-	1	0,6	139
146	Morlaix	-	3	3	6	4,0	82
147	Mazamet	-	-	2	2	1,3	123
148	Fourmies	-	-	-	-	-	178
149	Aurillac	-	-	69	69	47,2	8
150	Halluin	-	-	-	-	-	177
151	Fontainebleau	-	-	3	3	2,0	110
152	Autun	-	-	1	1	0,6	138
153	Bergerac	-	-	1	1	0,6	137
154	Saint-Chamond	-	1	-	1	0,6	136
155	Compiègne	-	-	-	-	-	176
156	Saumur	4	1	26	31	21,8	26
157	Villeurbanne	-	-	-	-	-	175
158	Rive-de-Gier	-	-	1	1	0,7	135
159	Sens (a)	»	-	-	»	»	»
160	Montélimar	1	1	53	55	39,2	12
	TOTAUX	32	175	531	738		
	A déduire (4 villes a)	3	23	222	248		
	Résultats comparatifs (34 villes)	29	152	309	490	9,5	

(a) Chartres (85), Moulins (88), Chambéry (95) et Auxerre (116) — (a) Quimper (125), Thiers (127), Lambézellec (134) et Sens (159).

II. — MORTALITÉ PAR VARIOLE (Suite).

NUMÉROS D'ORDRE	VILLES	NOMBRE DE DÉCÈS				PROPORTION TOTALE p. 10.000 habitants.	RANG OCCUPÉ.
		1886	1887	1888	TOTAL		
161	Firminy	1	–	–	1	0 7	134
162	Colombes (a)	»	9	4	*13	9,2	»
163	Gentilly	1	–	3	4	2,8	95
164	Romans	–	*1	26	27	19,5	30
165	Flers (a)	4	»	»	*4	*2,9	»
166	Laon (a)	»	»	»	»	»	»
167	Hyères (a)	»	»	»	»	»	»
168	Brive	–	6	–	6	4,4	78
169	Dôle	–	–	10	10	7,4	59
170	Saint-Dizier	13	–	–	13	9,7	53
171	Bailleul (a)	–	1	»	*1	0,7	»
172	La Seyne	2	–	1	3	2,2	108
173	Chaumont	2	–	1	3	2,3	105
174	Argenteuil	–	–	7	7	5,4	71
175	Fécamp	–	–	–	–	–	174
176	Chantenay (a)	»	9	1	*10	*7,9	»
177	Melun	–	1	–	1	0,8	133
178	Charenton-le-Pont	1	6	1	8	6,4	67
179	Lons-le-Saunier	–	–	–	–	–	173
180	Villefranche	–	–	3	3	2,4	102
181	Saint-Servan	–	–	–	–	–	172
182	Meaux	–	4	1	5	4,0	83
183	Commentry	–	8	–	8	6,5	66
184	Tarare	–	–	–	–	–	171
185	Saint-Amand	–	–	50	50	41,3	11
186	Bolbec	18	20	1	39	32,4	14
187	Voiron	–	–	1	1	0,8	170
188	Rodez	–	–	–	–	–	169
189	Beaune	–	2	–	2	1,6	120
190	Issy	3	–	–	3	2,5	101
191	Plœmeur	–	12	62	74	62,7	5
192	Soissons	–	–	–	–	–	168
193	La Roche-sur-Yon	–	–	–	–	–	167
194	Annecy	–	–	–	–	–	166
195	Pont-à-Mousson	–	–	–	–	–	165
196	Lens	6	21	1	28	24,1	22
197	Granville	–	–	12	12	10,3	50
	TOTAUX	51	100	185	336		
	A déduire (6 villes a)	4	19	5	28		
	Résultats comparatifs (31 villes)	47	81	180	308	7,9	

NUMÉROS D'ORDRE	VILLES	NOMBRE DE DÉCÈS				PROPORTION TOTALE p. 10.000 habitants.	RANG OCCUPÉ.
		1886	1887	1888	TOTAL		
198	Gap	2	4	2	8	6,9	61
199	Grasse	1	–	–	1	0,8	132
200	La Grand'Combe	–	14	55	69	61,0	6
201	Langres	–	–	–	–	–	164
202	Caudebec-lès-Elbeuf	–	1	–	1	0,9	130
203	Montargis	–	1	–	1	0,9	129
204	Douarnenez (a)	»	30	392	422	*384,3	»
205	Mayenne (a)	»	»	»	»	»	»
206	Béthune	–	–	–	–	–	163
207	Hazebrouck	–	–	–	–	–	162
208	Sables-d'Olonne (a)	»	»	»	»	»	»
209	Liévin (a)	»	38	–	*38	*35,5	»
210	La Ciotat (a)	»	*2	3	*5	*4,6	»
211	Bessèges	–	–	–	–	–	161
212	Givors	–	–	–	–	–	160
213	Saint-Malo	–	7	–	7	6,6	65
214	Louviers	3	8	–	11	10,3	49
215	Saint-Lô	–	–	–	–	–	159
216	Vierzon-ville (a)	»	–	–	»	»	»
217	Saint-Mandé (a)	»	–	–	»	»	»
218	Toul	–	–	5	5	4,7	76
219	Vitré (a)	9	»	»	9	8,6	»
220	Anzin	–	–	–	–	–	158
221	Pamiers	–	–	–	–	–	157
222	Vichy (a)	»	–	–	»	»	»
223	Dax	–	4	43	47	45,6	9
224	Orange	1	3	3	7	6,8	64
225	Fontenay-le-Comte	–	–	–	–	–	156
226	Montrouge (a)	»	1	–	*1	*0,8	»
227	Petit-Quévilly (a)	»	1	–	*1	*0,9	»
228	Dinan	–	2	17	19	18,8	34
229	Riom	1	2	2	5	4,9	74
	TOTAUX	17	118	522	657		
	A déduire (11 villes a)	9	72	395	476		
	Résultats comparatifs (21 villes)	8	46	127	181	8,0	

(a) Colombes (162), Flers (165), Laon (166), Hyères (167), Bailleul (171) et Chantenay (179).

(d) Douarnenez (204), Mayenne (205), Sables-d'Olonne (208), Liévin (209), La Ciotat (210), Vierzon-ville (216), Saint-Mandé (217), Vitré (219), Vichy (222), Montrouge (228) et Petit-Quévilly (227).

MORTALITÉ PAR VARIOLE.

RÉCAPITULATIONS.

NOMBRE TOTAL DES DÉCÈS RELEVÉS POUR L'ENSEMBLE DES VILLES.

GROUPES DE VILLES.	1886.	1887.	1888.	TOTAL.
1er groupe	2.947	1.883	1.485	6.315
2e —	235	341	761	1.337
3e —	68	209	160	437
4e —	32	175	531	738
5e —	51	100	185	336
6e —	17	118	522	657
TOTAUX..........	3.350	2.826	3.644	9.820

RÉSULTATS COMPARATIFS ET PROPORTIONNELS
POUR 195 VILLES.

GROUPES.	NOMBRE de villes.	POPULATION.	NOMBRE DE DÉCÈS.				PROPORTION POUR 10.000 HABITANTS.			
			1886.	1887.	1888.	TOTAL.	1886.	1887.	1888.	TOTALE.
1er groupe	38	5.768.888	2.947	1.804	1.435	6.186	5,1	3,1	2,4	10,7
2e —	30	868.500	185	311	690	1.186	2,1	3,6	7,9	13,6
3e —	41	810.688	68	209	160	437	0,8	2,6	1,9	5,3
4e —	34	516.559	29	152	309	490	0,5	2,9	5,9	9,5
5e —	31	386.563	47	81	180	308	1,2	2,1	4,6	7,9
6e —	21	224.285	8	46	127	181	0,3	2,0	5,6	8,0
TOTAUX...	195	8.575.576	3.284	2.603	2.901	8.788	3,8	3,0	3,4	10,2

MORTALITÉ PAR MALADIES ÉPIDÉMIQUES

DANS LES VILLES DE FRANCE DE PLUS DE IO.OOO HABITANTS,

PENDANT LA 1re PÉRIODE TRIENNALE 1886, 1887 ET 1888.

TABLEAU III.

MORTALITÉ PAR ROUGEOLE.

NOMBRE DES DÉCÈS RELEVÉS ET PROPORTION POUR 10.000 HABITANTS.

(Les chiffres de population figurent aux pages 44 et suivantes.)

Les 229 villes représentées sont réparties en six groupes suivis d'une récapitulation.

Les totaux portés au bas de chaque tableau sous la rubrique « Résultats comparatifs » correspondent aux seules villes, au nombre de 195, qui ont fourni des bulletins réguliers pendant les trois années consécutives, déduction faite des chiffres plus ou moins incomplets produits par les 34 autres villes. (Voir en annexe, page 71, la liste de ces 34 villes, avec l'indication des lacunes existant dans la production des bulletins statistiques).

Les chiffres ou totaux incomplets sont marqués d'un *astérisque*.

La dernière colonne de chaque tableau donne le rang occupé par chaque ville, d'après le chiffre de mortalité proportionnelle, sur l'ensemble des 195 ville ayant fourni des résultats comparatifs.

III. — MORTALITÉ PAR ROUGEOLE.

NUMÉROS D'ORDRE.	VILLES.	NOMBRE DE DÉCÈS				PROPORTION POUR 10.000 HABITANTS.				RANG OCCUPÉ.
		1886.	1887.	1888.	TOTAL.	1886.	1887.	1888.	TOTALE.	
1	Paris..................	1.210	1.628	915	3.753	5.3	7,2	4,0	16,6	42
2	Lyon	145	69	181	395	3,6	1,7	4,5	9,8	99
3	Marseille	192	210	331	733	5,1	5,5	8,8	19,5	33
4	Bordeaux..............	5	197	99	301	0,2	8,3	4,1	12,6	63
5	Lille..................	58	310	218	586	3,1	16,6	11,7	31,4	9
6	Toulouse	43	80	2	125	2,9	5,5	0,1	8,6	107
7	Nantes................	6	37	22	65	0,4	2.9	1,7	5,1	141
8	Saint-Étienne	89	48	48	185	7.5	4,0	4,0	15,6	49
9	Le Havre..............	15	1	61	77	1,3	0,08	5,4	6,9	125
10	Rouen	12	45	43	100	1,1	4,2	4,0	9,3	104
11	Roubaix...............	2	41	40	83	0.1	4,0	3,9	8,2	110
12	Reims.................	81	27	183	291	8,2	2,7	18,6	29,7	10
13	Amiens................	47	9	42	98	5,9	1,1	5,2	12,3	68
14	Nancy.................	15	37	36	88	1,8	4,6	4,5	11,1	85
15	Nice..................	4	143	8	155	0,5	19,3	1,0	20,9	27
16	Angers (a).............	• 5	• 6	• 7	• 18	• 0,6	• 0,8	• 0,9	• 2,4	»
17	Brest.................	1	76	–	77	0,1	10,7	–	10,8	88
18	Nimes.................	1	59	2	62	0.1	8,4	0,2	8,8	106
19	Toulon................	49	–	32	81	7,0	–	4,6	11,6	80
20	Limoges...............	30	99	51	180	4,3	14,4	7,4	26,3	16
21	Rennes...............	3	63	3	69	0,4	9,5	0,4	10,4	94
22	Dijon	5	–	25	30	0,8	–	4,0	4,8	145
23	Orléans	3	22	–	25	0,4	3,6	–	4.1	153
24	Tours.................	8	99	20	127	1,3	16,7	3.3	21,4	24
25	Calais................	81	10	38	139	15,5	1,6	6,4	23,6	21
26	Le Mans..............	9	4	–	13	1,5	0.6	–	2,2	172
27	Tourcoing	2	8	24	34	0.3	1,3	4,2	5,9	134
28	Montpellier	1	137	2	140	0,1	24,1	0'3	24,6	20
29	Besançon	2	72	25	99	0.3	12.7	4,4	17,5	39
30	Grenoble	20	9	1	30	3,9	1,7	0,1	5,8	135
31	Versailles.............	–	23	3	26	–	4.6	0,6	5.2	140
32	Saint-Quentin..........	3	55	8	66	0.6	11,7	1,6	13,0	60
33	Saint-Denis	14	41	19	74	2,9	8,7	4,0	15,8	47
34	Clermont-Ferrand	–	38	1	39	–	8.4	0,2	8,3	108
35	Troyes	19	12	6	37	4.0	2.5	1,2	7.9	112
36	Boulogne-sur-mer	47	43	9	99	10,4	9.5	1.9	21,9	23
37	Caën (a)..............	»	• 13	• 2	15	»	• 2,9	• 0,4	• 3.3	»
38	Béziers...............	23	7	50	80	5,3	1,6	11.6	18.6	35
39	Bourges	1	43	5	49	0,2	9,9	1.1	11.4	81
40	Avignon...............	1	26	19	46	0,2	6,3	4,6	11,2	84
	TOTAUX....	2.262	3.847	2.581	8.690					
	A déduire (2 villes a)..	5	19	9	33					
	Résultats comparatifs... (38 villes.)	2.257	3.828	2.572	8.657	3,9	6,6	4,4	15,0	

(a) Angers (16) et Caen (37).

III. — MORTALITÉ PAR ROUGEOLE (*Suite*)

NUMÉROS D'ORDRE.	VILLES.	NOMBRE DE DÉCÈS.				PROPORTION POUR 10.000 HABITANTS.				RANG OCCUPÉ
		1886.	1887.	1888.	TOTAL.	1886.	1887.	1888.	TOTALE.	
41	Lorient	81	5	12	98	20,4	1,2	3,0	24,7	18
42	Dunkerque	2	22	1	25	0,5	5,7	0,2	6,5	129
43	Cherbourg (a)	»	100	3	*103	»	26,9	0,8	*27,8	»
44	Cette	24	185	4	213	6,4	50,1	1,0	57,7	1
45	Poitiers (a)	»	72	»	72	»	19,5	»	19,5	»
46	Levallois-Perret	9	61	15	85	2,6	17,7	4,3	24,6	19
47	Angoulême	17	31	2	50	4,9	9,0	0,4	14,5	54
48	Perpignan	4	23	1	28	1,1	6,7	0,2	8,1	111
49	Rochefort	-	126	6	132	-	40,3	1,9	42,3	3
50	Laval	16	4	4	24	5,2	1,3	1,3	7,9	113
51	Pau	1	1	35	37	0,3	0,3	11,5	12,2	71
52	Douai	13	3	7	23	4,3	1,0	2,3	7,7	115
53	Montauban	2	6	-	8	0,6	2,0	-	2,7	169
54	Boulogne-sur-Seine	25	13	41	79	8,5	4,4	13,9	26,8	15
55	Roanne	8	-	7	15	2,7	-	2,4	5,1	142
56	Périgueux	1	53	1	55	0,3	18,2	0,3	19,0	34
57	Aix	7	3	-	10	2,4	1,0	-	3,4	158
58	Narbonne (a)	»	82	-	*82	»	28,8	-	*28,8	»
59	Armentières	-	1	33	34	-	0,3	11,7	12,1	72
60	Valenciennes (a)	»	4	1	*5	»	1,4	0,3	*1,8	»
61	Castres	33	29	30	92	12,4	10,6	11,0	33,6	7
62	Montluçon (a)	*2	»	*2	*4	*0,7	»	*0,7	*1,4	»
63	Le Creusot	61	1	17	79	22,7	0,3	6,3	29,4	12
64	Bayonne	-	-	46	46	-	-	17,2	17,2	40
65	Arras	-	40	-	40	-	15,0	-	15,0	52
66	Carcassonne	17	50	11	78	6,4	18,9	4,1	29,5	11
67	Neuilly	3	5	7	15	1,1	1,9	2,6	5,7	137
68	Clichy	22	42	37	101	8,4	16,1	14,2	38,8	5
69	Vienne	28	-	-	28	11,0	-	-	11,0	87
70	Nevers	1	26	6	33	0,4	10,4	2,4	13,3	63
71	Valence	2	26	-	28	0,8	10,5	-	11,3	82
72	Tarbes (a)	»	40	54	*94	»	16,3	22,0	*39,3	»
73	Saint-Nazaire	-	1	-	1	-	0,4	-	0,4	191
74	La Rochelle (a)	»	52	2	*54	»	21,5	0,8	*22,4	»
75	Châlons-sur-Marne	16	1	-	17	6,7	0,4	-	7,1	124
76	Cambrai	-	-	33	33	-	-	14,0	14,0	59
77	Arles	13	3	18	34	5,5	1,2	7,6	14,4	56
	TOTAUX	408	1.111	436	1.955					
	A déduire (7 villes a)	2	350	62	414					
	Résultats comparatifs. (30 villes.)	406	761	374	1.414	4,6	8,7	4,3	17,7	

(a) Cherbourg (43), Poitiers (45), Narbonne (58), Valenciennes (60), Montluçon (62), Tarbes (72) et La Rochelle (74).

III. — MORTALITÉ PAR ROUGEOLE (Suite).

NUMÉROS D'ORDRE	VILLES.	NOMBRE DE DÉCÈS				PROPORTION TOTALE p. 10.000 habitants.	RANG OCCUPÉ.	NUMÉROS D'ORDRE	VILLES.	NOMBRE DE DÉCÈS				PROPORTION TOTALE p. 10.000 habitants.	RANG OCCUPÉ.
		1886	1887	1888	TOTAL					1886	1887	1888	TOTAL		
78	Chalon-sur-Saône .	–	1	34	35	15,3	50	123	Annonay	6	–	11	17	10,0	94
79	Dieppe	17	1	1	19	8,3	108	124	Cholet	–	1	3	4	2,3	171
80	Alais	–	14	–	14	6,2	129	125	Quimper (a)	»	»	»	»	»	»
81	Niort	1	16	–	17	7,5	118	126	Charleville	18	–	3	21	12,5	67
82	Agen	–	22	1	23	10,4	93	127	Thiers (a)	1	–	»	•1	•0,6	»
83	Châteauroux	–	–	27	27	12,2	70	128	Libourne	–	–	–	–	–	195
84	Belfort	3	–	4	7	3,2	161	129	Saint-Germain	–	7	–	7	4,2	150
85	Chartres (a)	»	»	»	»	»	»	130	Tulle	–	14	5	19	11,6	79
86	Aubervilliers	1	20	2	23	10,5	91	131	Lisieux	29	–	–	29	18,0	37
87	Blois	–	5	1	6	2,7	167	132	Saint-Maur	2	8	–	10	6,2	130
88	Moulins (a)	•1	»	»	•1	•0,4	»	133	Millau	40	–	13	53	33,3	8
89	Vincennes	8	21	2	31	14,2	57	134	Lambézellec (a)	»	36	1	•37	•23,5	»
90	Elbeuf	–	2	1	3	1,3	182	135	Puteaux	1	11	–	12	7,6	117
91	Albi	–	16	–	16	7,5	119	136	Cahors	1	20	1	22	14,1	58
92	Saint-Omer	39	1	3	43	20,2	30	137	Fougères	–	–	5	5	3,2	160
93	Montreuil-sous-Bois	3	23	2	28	13 2	64	138	Courbevoie	5	7	3	15	9,6	101
94	Saint-Ouen	7	31	5	43	20,6	26	139	Montceau-les-Mines	–	1	1	2	1,3	184
95	Chambéry (a)	17	1	»	•18	•8,6	»	140	Auch	–	1	1	2	1,3	183
96	Ivry	9	9	12	30	14,4	55	141	Cognac	–	3	–	3	1,9	173
97	Lunéville	4	11	1	16	7,7	115	142	Sotteville les Rouen	15	1	–	16	10,5	89
98	Epinal	–	7	9	16	7,8	113	143	Asnières	=	3	4	7	4,6	146
99	Bastia	2	68	–	70	34,4	6	144	Issoudun	2	2	–	4	2,7	170
100	Vannes	–	16	5	21	10,5	90	145	Villeneuve-sur-Lot.	–	1	–	1	0,6	189
101	Mâcon	3	–	39	42	21,3	25	146	Morlaix	–	–	18	18	12,2	69
102	Abbeville	7	–	12	19	9,6	102	147	Mazamet	19	–	10	29	19,7	31
103	Saint-Brieuc	–	2?	10	38	19,7	32	148	Fourmies	–	3	6	9	6,1	132
104	Cannes	–	19	–	19	9,9	97	149	Aurillac	–	21	1	22	15,0	51
105	Pantin	4	11	5	20	10,4	92	150	Halluin	–	–	57	57	39,0	4
106	Sedan	–	3	27	30	15,7	48	151	Fontainebleau	–	–	5	5	3,4	156
107	Le Puy	–	1	–	1	0,5	190	152	Autun	–	–	14	14	9,7	99
108	Bar-le-Duc	–	–	8	8	4,3	148	153	Bergerac	7	6	10	23	16,0	45
109	Beauvais	1	–	2	3	1,6	181	154	Saint-Chamond	1	7	–	8	5,5	137
110	Bourg	2	1	–	3	1,6	179	155	Compiègne	–	–	7	7	4,8	143
111	Denain	1	–	4	5	2,8	166	156	Saumur	–	3	4	7	4,9	142
112	Maubeuge	–	3	–	3	1,7	178	157	Villeurbanne	11	1	5	17	12,0	74
113	Alençon	–	–	12	12	6,8	125	158	Rive-de-Gier	–	–	–	–	–	194
114	Ajaccio	–	18	8	26	14,8	53	159	Sens (a)	»	6	1	•7	•5,0	»
115	Verdun	6	21	1	28	16,0	46	160	Montélimar	–	3	1	4	2,8	164
116	Auxerre (a)	»	»	»	»	»	»								
117	Châtellerault	1	12	–	13	7,4	120								
118	Saintes	–	23	–	2?	13,3	62								
119	Epernay	5	1	4	10	5,7	135								
120	Wattrelos	–	4	2	6	3,4	154								
121	Evreux	–	6	–	6	3,5	153								
122	Saint-Dié	–	–	17	17	9,9	95								
	TOTAUX	140	436	263	839				TOTAUX	158	106	190	514		
	A déduire (4 villes a)	18	1	»	19				A déduire (4 villes a)	1	42	2	45	•	
	Résultats comparatifs (41 villes.)	122	435	263	820	10,1			Résultats comparatifs (34 villes.)	157	12?	188	469	9,0	

(a) Chartres (85), Moulins (88), Chambéry (95) et Auxerre (116).   (a) Quimper (125), Thiers (127), Lambézellec (134) et Sens (159).

III. — MORTALITÉ PAR ROUGEOLE (*Suite*).

NUMÉROS D'ORDRE	VILLES.	NOMBRE DE DÉCÈS				PROPORTION TOTALE p. 10.000 habitants.	RANG OCCUPÉ.
		1886	1887	1888	TOTAL		
161	Firminy	1	10	2	13	9,2	104
162	Colombes (a)	»	3	5	*8	5,7	»
163	Gentilly	1	16	2	19	13,6	61
164	Romans	-	27	1	28	20,2	29
165	Flers (a)	-	»	»	»	»	»
166	Laon (a)	»	»	»	»	»	»
167	Hyères (a)	*2	»	»	*2	1,4	»
168	Brive	1	28	9	38	28,3	13
169	Dôle	5	2	3	10	7,4	121
170	Saint-Dizier	-	-	4	4	2,9	162
171	Bailleul (a)	5	-	»	*5	3,7	»
172	La Seyne	9	4	-	13	9,9	96
173	Chaumont	1	3	6	10	7,7	116
174	Argenteuil	1	13	1	15	11,7	78
175	Fécamp	1	12	1	14	11,0	86
176	Chantenay (a)	»	-	-	»	»	»
177	Melun	-	3	1	4	3,2	159
178	Charenton	2	15	9	26	20,7	28
179	Lons-le-Saunier	13	1	-	14	11,2	83
180	Villefranche	11	-	1	12	9,6	100
181	Saint-Servan	-	57	-	57	46,0	2
182	Meaux	12	2	1	15	12,0	73
183	Commentry	-	9	-	9	7,3	122
184	Tarare	-	-	4	4	3,2	158
185	Saint-Amand	-	2	-	2	1,6	180
186	Bolbec	-	-	1	1	0,8	188
187	Voiron	-	-	-	-	»	193
188	Rodez	13	1	-	14	11,7	77
189	Beaune	8	-	-	8	6,7	126
190	Issy	4	7	3	14	11,7	76
191	Plœmeur	1	-	-	1	0,8	187
192	Soissons	1	-	1	2	1,7	177
193	La Roche-sur-Yon	-	14	7	21	17,7	38
194	Aunecy	2	3	-	5	4,2	151
195	Pont-à-Mousson	12	2	1	15	12,8	65
196	Lens	1	-	3	4	3,4	155
197	Granville	-	-	5	5	4,3	149
	TOTAUX	107	234	71	412		
	A déduire (6 villes a)	7	2	5	15		
	Résultats comparatifs (21 villes)	100	231	66	397	10,2	

NUMÉROS D'ORDRE	VILLES.	NOMBRE DE DÉCÈS				PROPORTION TOTALE p. 10.000 habitants.	RANG OCCUPÉ.
		1886	1887	1888	TOTAL		
198	Gap	-	15	17	32	27,8	14
199	Grasse	1	19	1	21	18,2	36
200	La Grand-Combe	-	5	-	5	4,4	147
201	Langres	-	-	2	2	1,8	176
202	Caudebec	-	1	1	2	1,8	175
203	Montargis	-	3	-	3	2,7	168
204	Douarnenez (a)	»	32	-	*32	29,3	»
205	Mayenne (a)	»	»	»	»	»	»
206	Béthune	-	7	-	7	6,4	131
207	Hazebrouck	5	-	1	6	5,5	138
208	Sables d'Olonne (a)	»	»	»	»	»	»
209	Liévin (a)	»	2	7	*9	8,4	»
210	La Ciotat (a)	»	3	1	*4	3,7	»
211	Bessèges	7	21	-	28	26,1	17
212	Givors	3	-	-	3	2,8	165
213	Saint-Malo	-	24	-	24	22,6	22
214	Louviers	-	-	1	1	0,9	186
215	Saint-Lô	-	3	14	17	16,0	44
216	Vierzon-ville (a)	»	2	4	*6	5,7	»
217	Saint-Mandé (a)	»	7	1	*8	7,6	»
218	Toul	2	-	5	7	6,6	127
219	Vitré (a)	»	»	»	»	»	»
220	Anzin	-	-	-	-		192
221	Pamiers	-	5	-	5	4,8	144
222	Vichy (a)	»	-	-	»	»	»
223	Dax	-	2	-	2	1,9	174
224	Orange	-	11	6	17	16,5	43
225	Fontenay-le-Comte	-	-	1	1	0,9	185
226	Montrouge (a)	»	12	3	*15	14,8	»
227	Petit-Quévilly (a)	»	3	6	*9	8,9	»
228	Dinan	-	12	-	12	11,8	75
229	Riom	-	10	7	17	16,9	41
	TOTAUX	18	199	78	295		
	A déduire (11 villes a)	»	61	22	83		
	Résultats comparatifs (21 villes)	18	138	56	212	9,4	

(a) Colombes (162), Flers (165), Laon (163), Hyères (167), Bailleul (171) et Chantenay (176).

(a) Douarnenez (204), Mayenne (205), Sables-d'Olonne (2 8), Liévin (209), La Ciotat (210), Vierzon-ville (216), Saint-Mandé (217), Vitré (219), Vichy (222), Montrouge (226) et Petit-Quévilly (227).

MORTALITÉ PAR ROUGEOLE.

RÉCAPITULATIONS.

NOMBRE TOTAL DES DÉCÈS RELEVÉS POUR L'ENSEMBLE DES VILLES.

GROUPES DE VILLES.	1886.	1887.	1888.	TOTAL.
1er groupe	2.262	3.847	2.581	8.690
2e —	408	1.111	436	1.955
3e —	140	436	263	839
4e —	158	166	190	514
5e —	107	234	71	412
6e —	18	199	78	295
TOTAUX.........	3.093	5.993	3.619	12.705

RÉSULTATS COMPARATIFS ET PROPORTIONNELS
POUR 195 VILLES.

GROUPES.	NOMBRE de villes.	POPULATION.	NOMBRE DE DÉCÈS.				PROPORTION POUR 10.000 HABITANTS.			
			1886.	1887.	1888.	TOTAL.	1886.	1887.	1888.	TOTALE.
1er groupe	38	5.768.888	2.257	3.828	2.572	8.657	3,9	6,6	4,4	15,0
2e —	30	838.590	406	761	374	1.541	4,6	8,7	4,3	17,7
3e —	41	810.688	122	435	263	820	1,5	5,3	3,2	10,1
4e —	34	516.559	157	124	188	469	3,0	2,4	3,6	9,0
5e —	31	386.566	100	231	66	397	2,5	5,9	1,7	10,2
6e —	21	224.285	18	138	56	212	0,8	6,1	2,5	9,4
TOTAUX...	195	8.575.576	3.060	5.517	3.519	12.096	3,5	6,4	4,1	14,1

MORTALITÉ PAR MALADIES ÉPIDÉMIQUES

DANS LES VILLES DE FRANCE DE PLUS DE 10.000 HABITANTS,

PENDANT LA 1re PÉRIODE TRIENNALE 1886, 1887 ET 1888.

TABLEAU IV.

MORTALITÉ PAR DIPHTÉRIE.

NOMBRE DES DÉCÈS RELEVÉS ET PROPORTION POUR 10.000 HABITANTS,

---

(Les chiffres de population figurent aux pages 44 et suivantes.)

Les 229 villes représentées sont réparties en six groupes suivis d'une récapitulation.

Les totaux portés au bas de chaque tableau sous la rubrique « Résultats comparatifs » correspondent aux seules villes, au nombre de 195, qui ont fourni des bulletins réguliers pendant les trois années consécutives, déduction faite des chiffres plus ou moins incomplets produits par les 34 autres villes. (Voir en annexe, page 71, la liste de ces 34 villes, avec l'indication des lacunes existant dans la production des bulletins statistiques.)

Les chiffres ou totaux incomplets sont marqués d'un *astérisque*.

La dernière colonne de chaque tableau donne le rang occupé par chaque ville, d'après le chiffre de mortalité proportionnelle, sur l'ensemble des 195 villes ayant fourni des résultats comparatifs.

MORTALITÉ PAR MALADIES ÉPIDÉMIQUES.

IV. — MORTALITÉ PAR DIPHTÉRIE.

NUMÉROS D'ORDRE.	VILLES.	NOMBRE DE DÉCÈS.				PROPORTION POUR 10.000 HABITANTS.				RANG OCCUPÉ
		1886.	1887.	1888.	TOTAL.	1886.	1887.	1888.	TOTALE.	
1	Paris.............	1.512	1.585	1.729	4.826	6,6	7,0	7,6	21,3	60
2	Lyon..........	135	173	173	481	3,3	4,3	4,3	12,0	118
3	Marseille..............	581	524	468	1.573	15,4	13,9	12,4	41,8	11
4	Bordeaux	61	114	173	348	2,5	4,8	7,2	14,6	103
5	Lille...............	43	87	92	222	2,3	4,6	4,9	11,9	120
6	Toulouse	44	85	48	177	3,0	5,8	3,3	12,2	116
7	Nantes	96	75	56	227	7,6	5,8	4,4	18,0	79
8	Saint-Etienne	76	137	94	307	6,4	11,6	7,9	26,0	39
9	Le Havre..............	89	50	57	196	7,9	4,4	5,1	17,6	81
10	Rouen................	67	46	60	173	6,2	4,3	5,6	16,2	93
11	Roubaix.............	46	70	47	163	4,5	6,9	4,6	16,2	92
12	Reims...............	56	65	104	225	5,7	6,6	10,6	22,9	48
13	Amiens...............	75	72	44	191	9,4	9,0	5,5	24,0	43
14	Nancy..............	15	14	25	54	1,8	1.7	3,1	6,8	156
15	Nice	94	81	93	268	12,7	10,9	12,5	36,2	17
16	Angers (a)...........	42	* 16	* 9	* 67	* 5,7	* 2,1	* 1,2	* 9,1	»
17	Brest............	32	37	60	129	4,5	5,2	8,4	18,2	76
18	Nîmes.............	15	16	26	57	2,1	2.2	3,7	8,1	143
19	Toulon............	46	128	62	236	6,6	18,4	8,9	33,9	21
20	Limoges.............	28	25	31	84	4,0	3,6	4,5	12,2	115
21	Rennes.......... ...	66	22	19	107	9,9	3,3	2,8	16,1	97
22	Dijon	17	23	18	58	2,7	3,7	2.8	9,3	132
23	Orléans.............	17	16	25	58	2,8	2,6	4,1	9,5	130
24	Tours................	8	10	29	47	1,3	1,6	4,8	7,9	145
25	Calais.............	35	16	36	87	5,9	2,7	6,1	14,8	102
26	Le Mans.............	24	27	76	127	4,1	4,6	13,2	22,1	54
27	Tourcoing.............	5	24	19	48	0,8	4,2	3,3	8,4	140
28	Montpellier	27	61	60	148	4,7	10,7	10,5	26,1	38
29	Besançon	15	17	10	42	2,6	3,0	1,7	7,4	151
30	Grenoble	88	94	85	267	17,2	18,4	16.6	52,3	5
31	Versailles	19	50	21	90	3,8	10,0	4.2	18,0	78
32	Saint-Quentin..........	9	6	18	33	1,9	1,2	3,8	7,0	153
33	Saint-Denis..........	17	20	59	96	3,6	4,2	12,6	20.5	64
34	Clermont-Ferrand.......	–	4	17	21	..	0,8	3,6	4,5	171
35	Troyes	8	23	32	63	1,7	4.9	6,9	13,6	108
36	Boulogne-sur-Mer.......	23	32	18	73	5,0	7.0	3,9	16,1	96
37	Caen (a)..............	»	* 5	»	* 5	»	* 1,1	»	* 1,1	»
38	Béziers..............	23	37	23	83	5,3	8,6	5,3	19,3	70
39	Bourges	11	7	10	28	2.5	1,6	2,3	6,5	158
40	Avignon.............	2	1	9	12	0,4	0,2	2,2	2,9	183
	TOTAUX....	3.567	3.895	4.035	11.497					
	A déduire (2 villes a)...	42	21	9	72					
	Résultats comparatifs... (38 villes)	3.525	3.874	4.026	11.425	6,1	6,7	6,9	19,8	

(a) Angers (16) et Caen (37).

IV. — MORTALITÉ PAR DIPHTÉRIE (*Suite*).

NUMÉROS D'ORDRE	VILLES.	NOMBRE DE DÉCÈS.				PROPORTION POUR 10.000 HABITANTS.				RANG OCCUPÉ.
		1886.	1887.	1888.	TOTAL.	1886.	1887.	1888.	TOTALE.	
41	Lorient................	73	30	29	132	18,4	7,3	7,5	33,3	23
42	Dunkerque............	25	23	18	66	6,5	6,0	4,7	17,2	86
43	Cherbourg (*a*).........	»	10	8	*18	»	2,6	2,1	*4,8	»
44	Cette................	52	20	37	109	14,0	5,4	9,9	29,5	27
45	Poitiers (*a*)...........	*8	*2	»	*10	*2,1	*0,5	»	*2,7	»
46	Levallois-Perret........	29	66	38	133	8,4	19,1	10,9	38,5	14
47	Angoulème............	3	9	18	30	0,8	2,6	5,2	8,7	137
48	Perpignan.............	22	20	31	73	6,4	5,8	9,0	21,3	59
49	Rochefort.............	23	23	6	52	7,3	7,3	1,9	16,6	91
50	Laval................	12	5	12	29	3,9	1,6	3,9	9,6	129
51	Pau.................	14	2	16	32	4,6	0,6	5,3	10,5	126
52	Douai................	7	5	16	28	2,3	1,6	5,4	9,4	131
53	Montauban	1	3	16	20	0,3	1,0	5,4	6,8	157
54	Boulogne-sur-Seine	4	17	17	38	1,3	5,7	5,7	12,9	113
55	Roanne	14	9	-	23	4,7	3.0	-.	7,8	146
56	Périgueux.............	10	23	28	61	3,4	7,9	9,6	20,9	61
57	Aix.................	7	28	31	66	2,4	9,6	10,6	22,6	50
58	Narbonne (*a*)..........	»	19	15	*34	»	6,6	5,2	*12,0	»
59	Armentières...........	6	14	58	78	2,1	4,9	20,7	27,8	35
60	Valenciennes (*a*)........	»	25	16	*41	»	9,1	5,8	*15,0	»
61	Castres..............	32	7	22	61	11,7	2,5	8,0	22,3	51
62	Montluçon (*a*)..........	*43	»	*5	*48	*15,9	»	*1,8	*17,7	»
63	Le Creusot............	31	12	11	54	11.5	4,4	4,1	20,1	66
64	Bayonne	4	5	10	19	1,5	1,8	3,7	7,1	152
65	Arras	6	4	-	10	2,2	1,5	-	3,7	179
66	Carcassonne...........	15	-	8	23	5,6	-	3,0	8,7	138
67	Neuilly..............	5	8	3	16	1,9	3,0	1,1	6,1	160
68	Clichy...............	20	39	52	111	7,6	15,0	20,0	42,6	10
69	Vienne	17	12	31	60	6,6	4,7	12,2	23,6	45
70	Nevers ..:...........	4	3	26	33	1,6	1,2	10,4	13,3	111
71	Valence..............	8	21	9	38	3,2	8,5	3,6	15,3	100
72	Tarbes (*a*)............	*1	37	32	*70	*0,4	15,1	13,0	*28,5	»
73	Saint-Nazaire	22	9	25	56	9,0	3,7	10,2	23,0	47
74	La Rochelle (*a*)	»	1	8	9	»	0,4	3,3	3,7	»
75	Châlons-sur-Marne.......	3	11	5	19	1,2	4,6	2,1	8,0	144
76	Cambrai..	7	6	8	21	2,9	2,5	3,3	8,9	136
77	Arles................	25	10	9	44	10,6	4,2	3,8	18,7	73
	TOTAUX.....	553	538	674	1.765					
	A déduire (7 villes *a*).	52	94	84	230					
	Résultats comparatifs .. (3o villes.)	501	444	590	1.535	5,7	5,1	6,7	17,6	

(*a*) Cherbourg (43), Poitiers (45), Narbonne (58), Valenciennes (60), Montluçon (62), Tarbes (72) et La Rochelle (74).

IV. — MORTALITÉ PAR DIPHTÉRIE (*Suite*).

NUMÉROS D'ORDRE	VILLES	NOMBRE DE DÉCÈS				PROPORTION TOTALE p. 10.000 habitants	RANG OCCUPÉ	NUMÉROS D'ORDRE	VILLES	NOMBRE DE DÉCÈS				PROPORTION TOTALE p. 10.000 habitants	RANG OCCUPÉ
		1886	1887	1888	TOTAL					1886	1887	1888	TOTAL		
78	Châlon-sur-Saône	3	1	5	9	3,9	178	123	Annonay	8	21	14	43	25,4	40
79	Dieppe	38	27	4	69	30,2	26	124	Cholet	15	18	16	49	29,1	30
80	Alais	3	1	4	8	3,5	182	125	Quimper(a)	»	»	»	»	»	»
81	Niort	4	16	11	31	13.7	107	126	Charleville	12	10	3	25	15,0	101
82	Agen	1	3	3	7	3,1	185	127	Thiers(a)	7	5	»	12	7,3	»
83	Châteauroux	5	5	3	13	5,9	162	128	Libourne	3	1	2	6	3,6	180
84	Belfort	2	8	8	18	8,2	142	129	Saint-Germain	6	13	16	35	21,4	56
85	Chartres (a)	»	»	»	»	»	»	130	Tulle	2	7	6	15	9,2	134
86	Aubervilliers	17	10	18	45	20,5	63	131	Lisieux	14	37	19	70	43,4	9
87	Blois	12	6	6	24	11,0	122	132	Saint-Maur	4	9	13	26	16,1	95
88	Moulins(a)	19	»	»	19	8,7	»	133	Millau	15	15	6	36	22,6	49
89	Vincennes	3	24	16	43	19,8	69	134	Lambézellec (a)	»	3	13	16	10,1	»
90	Elbeuf	7	12	19	38	17,5	84	135	Puteaux	-	13	24	37	23,7	44
91	Albi	2	27	31	60	28,3	34	136	Cahors	1	10	6	17	10,8	123
92	Saint-Omer	15	7	16	38	17,9	80	137	Fougères	21	-	1	22	14,1	104
93	Montreuil-s*-bois	20	31	17	68	32,2	24	138	Courbevoie	5	27	20	52	33,5	22
94	Saint-Ouen	15	20	26	61	29,3	28	139	Monceau-les-Mines	5	16	37	58	38,1	15
95	Chambéry(a)	3	14	»	17	8,1	»	149	Auch	1	2	3	6	3,9	177
96	Ivry	8	15	17	40	19,2	71	140	Cognac	2	6	1	9	5,9	161
97	Lunéville	5	21	2	28	13,5	110	141	Sotteville-lès-Rouen	7	5	4	16	10,5	125
98	Epinal	4	19	18	41	20,0	67	142	Asnières	8	24	20	52	34,6	20
99	Bastia	45	54	12	111	54,6	4	143	Issoudun	2	10	14	26	17,5	83
100	Vannes	7	5	3	15	7,5	150	144	Villeneuve-sur-Lot	2	3	2	7	4,7	170
101	Mâcon	6	6	3	15	7,6	147	145	Morlaix	23	9	7	39	26,5	36
102	Abbeville	19	29	26	74	37,5	16	146	Mazamet	2	4	-	6	4,0	174
103	Saint-Brieuc	15	16	10	41	21,3	58	147	Fourmies	5	11	11	27	18,3	74
104	Cannes	3	5	3	11	5,7	163	148	Aurillac	2	1	-	3	2,0	190
105	Pantin	18	26	35	79	41,1	12	149	Halluin	12	26	37	75	51,3	6
106	Sedan	20	2	10	32	16,8	90	150	Fontainebleau	7	1	3	11	7,5	148
107	Le Puy	16	33	19	68	36,0	18	151	Autun	1	15	16	32	22,2	52
108	Bar-le-Duc	8	6	2	16	8,7	139	152	Bergerac	-	2	10	12	8,3	141
109	Beauvais	-	2	2	4	2,1	189	153	Saint-Chamond	17	28	23	68	47.5	7
110	Bourg	1	10	5	16	8,9	135	154	Compiègne	1	-	3	4	2,8	187
111	Denain	8	12	2	22	12,3	114	155	Saumur	-	3	3	6	4,2	173
112	Maubeuge	7	1	3	11	6,2	159	156	Villeurbanne	4	7	3	14	9,8	127
113	Alençon	10	7	6	23	13,0	112	157	Rive-de-Gier	7	5	12	24	17,0	88
114	Ajaccio	9	22	23	54	30,8	25	159	Sens(a)	»	4	2	6	4,2	»
115	Verdun	6	18	15	39	22,2	53	160	Montélimar	2	3	-	5	3,5	181
116	Auxerre(a)	»	»	»	»	»	»								
117	Châtellerault	-	1	6	7	4,0	176								
118	Saintes	3	1	5	9	5,2	166		TOTAUX	223	374	370	967		
119	Epernay	11	25	13	49	28,3	33		A déduire (4 villes a)	7	12	15	34		
120	Wattrelos	5	21	5	31	18,0	77								
121	Evreux	2	3	1	6	3,5	183		Résultats comparatifs (34 villes)	216	362	355	933	18,0	
122	Saint-Dié	4	3	28	35	20,5	62								
	TOTAUX	409	575	461	1.445										
	A déduire (4 villes a)	22	14	-	36										
	Résultats comparatifs (41 villes)	3??	5?1	461	1.409	17,3									

(a) Chartres (85), Moulins (88), Chambéry (95), et Auxerre (116).   (a) Quimper (125), Thiers (127), Lambézellec (134) et Sens (159).

IV. — MORTALITÉ PAR DIPHTÉRIE (Suite).

NUMÉROS D'ORDRE	VILLES.	NOMBRE DE DÉCÈS				PROPORTION TOTALE p. 10.000 habitants.	RANG OCCUPÉ.
		1886	1887	1888	TOTAL		
161	Firminy	2	10	12	24	17,1	87
162	Colombes (a)	»	18	20	38	27,1	»
163	Gentilly	2	5	8	15	10,7	124
164	Romans	9	7	3	19	13,7	106
165	Flers (a)	3	»	»	3	2,1	»
166	Laon (a)	»	»	»	»	»	»
167	Hyères (a)	»	»	»	»	»	»
168	Brive	6	18	14	38	28,3	32
169	Dôle	1	-	1	2	1,4	194
170	Saint-Dizier	-	4	3	7	5,2	165
171	Bailleul (a)	1	4	»	5	3,7	»
172	La Seyne	-	34	12	46	35,1	19
173	Chaumont	6	4	2	12	9,3	133
174	Argenteuil	13	16	2	31	24,2	42
175	Fécamp	12	48	20	80	62,4	2
176	Chantenay (a)	»	2	14	16	12,6	»
177	Melun	3	-	3	6	4,8	168
178	Charenton	-	14	19	33	26,3	37
179	Lons-le-Saunier	-	2	-	2	1,6	193
180	Villefranche	8	2	7	17	13,7	105
181	Saint-Servan	6	6	8	20	16,1	94
182	Meaux	1	11	15	27	21,7	55
183	Commentry	17	15	26	58	47,1	8
184	Tarare	3	-	2	5	4,0	175
185	Saint-Amand	2	1	1	4	3,3	184
186	Bolbec	3	10	8	21	17,4	85
187	Voiron	5	17	13	35	29,1	29
188	Rodez	7	5	7	19	16,0	98
189	Beaune	14	5	1	20	16,8	89
190	Issy	7	9	14	30	25,2	41
191	Plaisance	48	52	26	126	106,3	1
192	Soissons	2	2	1	5	4,2	172
193	La Roche-sur-Yon	3	10	3	16	11,5	109
194	Annecy	-	4	4	8	6,8	155
195	Pont-à-Mousson	-	1	-	1	0,8	195
196	Lens	12	10	11	33	28,4	31
197	Granville	10	19	18	47	40,	13
	TOTAUX	206	365	298	869		
	A déduire (6 villes a)	4	24	34	62		
	Résultats comparatifs (31 villes).	202	341	264	807	20,8	

NUMÉROS D'ORDRE	VILLES.	NOMBRE DE DÉCÈS				PROPORTION TOTALE p. 10.0000 habitants.	RANG OCCUPÉ.
		1886	1887	1888	TOTAL		
198	Gap	17	10	40	67	58,2	3
199	Grasse	-	6	7	13	11,3	121
200	La Grand-Combe	2	1	-	3	2,6	188
201	Langres	-	1	5	6	5,4	164
202	Caudebec	3	2	12	17	15,4	99
203	Montargis	5	5	11	21	19,0	72
204	Douarnenez (a)	»	51	13	64	58,7	»
205	Mayenne (a)	»	»	»	»	»	»
206	Béthune	12	4	3	19	17,5	82
207	Hazebrouck	2	5	15	22	20,3	65
208	Sables-d'Olonne (a)	»	»	»	»	»	»
209	Liévin (a)	»	10	5	15	14,0	»
210	La Ciotat (a)	»	2	7	9	8,4	»
211	Bessèges	7	4	2	13	12,1	117
212	Givon	1	-	1	2	1,8	192
213	Saint-Malo	3	2	3	8	7,5	149
214	Louviers	-	-	2	2	1,8	191
215	Saint-Lô	17	2	2	21	19,8	68
216	Vierzon-ville (a)	»	23	14	37	35,2	»
217	Saint-Mandé (a)	»	7	5	12	11,4	»
218	Toul	-	3	2	5	4,7	169
219	Vitré (a)	3	»	»	3	2,8	»
220	Anzin	9	7	3	19	18,2	75
221	Pamiers	-	9	1	10	9,7	128
222	Vichy (a)	»	4	1	5	4,8	»
223	Dax	2	11	9	22	21,3	57
224	Orange	-	3	2	5	4,8	167
225	Fontenay-le-Comte	9	15	-	24	23,5	46
226	Montrouge (a)	»	5	7	12	11,8	»
227	Petit-Quévilly (a)	»	2	3	5	4,9	»
228	Dinan	6	-	1	7	6,9	154
229	Riom	2	6	4	12	11,9	119
	TOTAUX	100	200	180	480		
	A déduire (11 villes a)	3	104	55	162		
	Résultats comparatifs (21 villes).	97	96	125	318	14,1	

(a) Colombes (162), Flers (165), Laon (166), Hyères (167), Bailleul (171) et Chantenay (176).

(a) Douarnenez (204), Mayenne (205), Sables-d'Olonne (208), Liévin (209), La Ciotat (210), Vierzon-Ville (216), Saint-Mandé (217), Vitré (219), Vichy (222), Montrouge (226) et Petit-Quévilly (227).

MORTALITÉ PAR DIPHTÉRIE.

RÉCAPITULATIONS.

NOMBRE TOTAL DES DÉCÈS RELEVÉS POUR L'ENSEMBLE DES VILLES.

GROUPES DE VILLES.	1886.	1887.	1888.	TOTAL.
1er groupe	3.567	3.895	4.035	11.497
2e —	553	538	674	1.765
3e —	409	575	461	1.445
4e —	223	374	370	967
5e —	206	365	298	869
6e —	100	200	180	480
Totaux..........	5.058	5.947	6.018	17.023

RÉSULTATS COMPARATIFS ET PROPORTIONNELS POUR 195 VILLES.

GROUPES.	NOMBRE de villes.	POPULATION.	NOMBRE DE DÉCÈS.				PROPORTION POUR 10.000 HABITANTS.			
			1886.	1887.	1888.	TOTAL.	1886.	1887.	1888.	TOTALE.
1er groupe	38	5.768.888	3.525	3.874	4.026	11.425	6,1	6,7	6,9	19,8
2e —	30	868.590	501	444	590	1.535	5,7	5,1	6,7	17,6
3e —	41	810.688	387	561	461	1.409	4,7	6,9	5,6	17,3
4e —	34	516.559	216	362	355	933	4,1	7,0	6,8	18,0
5e —	31	386.566	202	341	264	807	5,2	8,8	6,8	20,8
6e —	21	224.285	97	96	125	318	4,3	4,2	5,5	14,1
Totaux...	195	8.575.576	4.928	5.678	5.821	16.427	5,7	6,6	6,8	19,1

MORTALITÉ PAR MALADIES ÉPIDÉMIQUES

DANS LES VILLES DE FRANCE DE PLUS DE 10.000 HABITANTS,

PENDANT LA 1re PÉRIODE TRIENNALE 1886, 1887 ET 1888.

TABLEAU V.

MORTALITÉ PAR SCARLATINE.

NOMBRE DES DÉCÈS RELEVÉS ET PROPORTION POUR 10.000 HABITANTS.

(Les chiffres de population figurent aux pages 44 et suivantes.)

Les 229 villes représentées sont réparties en six groupes suivis d'une récapitulation.

Les totaux portés au bas de chaque tableau sous la rubrique « Résultats comparatifs » correspondent aux seules villes, au nombre de 195, qui ont fourni des bulletins réguliers pendant les trois années consécutives, déduction faite des chiffres plus ou moins incomplets produits par les 34 autres villes. (Voir en annexe, page 71, la liste de ces 34 villes, avec l'indication des lacunes existant dans la production des bulletins statistiques.)

Les chiffres ou totaux incomplets sont marqués d'un *astérisque.*

La dernière colonne de chaque tableau donne le rang occupé par chaque ville, d'après le chiffre de mortalité proportionnelle, sur l'ensemble des 195 villes ayant fourni des résultats comparatifs.

V. — MORTALITÉ PAR SCARLATINE.

NUMÉROS D'ORDRE	VILLES.	NOMBRE DE DÉCÈS				PROPORTION TOTALE p. 10.000 habitants.	RANG OCCUPÉ
		1886	1887	1888	TOTAL		
1	Paris............	403	224	193	820	3,6	58
2	Lyon............	45	52	34	131	3,2	68
3	Marseille........	18	12	19	49	1,3	130
4	Bordeaux	13	5	15	33	1,3	128
5	Lille............	14	12	9	35	1,8	106
6	Toulouse........	1	6	8	15	1,0	137
7	Nantes..........	2	8	12	22	1,7	114
8	St-Étienne	8	44	14	66	5,5	21
9	Le Havre	3	5	16	24	2,1	94
10	Rouen	3	4	14	21	1,9	100
11	Roubaix	23	21	7	51	5,0	25
12	Reims	15	28	13	56	5,7	20
13	Amiens.........	-	16	39	55	6,9	11
14	Nancy	4	-	11	15	1,8	105
15	Nice	4	12	1	17	2,2	92
16	Angers (a)	»	*1	*4	*5	0,6	»
17	Brest...........	5	6	7	18	2,5	82
18	Nimes..........	6	-	-	6	0,8	147
19	Toulon	4	6	1	11	1,5	122
20	Limoges	1	11	13	25	3,6	54
21	Rennes	2	3	7	12	1,8	110
22	Dijon	15	6	3	24	3,8	44
23	Orléans	7	1	7	15	2,4	86
24	Tours	1	3	3	7	1,1	133
25	Calais	2	2	1	5	0,8	146
26	Le Mans........	-	-	2	2	0,3	166
27	Tourcoing	3	13	-	16	2,7	77
28	Montpellier......	-	1	7	8	1,4	125
29	Besançon........	1	43	16	60	10,6	7
30	Grenoble........	5	4	1	10	1,9	10?
31	Versailles	11	2	1	14	2,8	76
32	St-Quentin......	16	2	3	21	4,4	32
33	St-Denis........	17	3	2	22	4,6	29
34	Clermont-Ferrand.	-	1	10	11	2,3	89
35	Troyes	-	-	-	-	-	195
36	Boulogne-sur-Mer.	-	2	2	4	0,8	144
37	Caen (a)	»	»	*1	*1	*0,2	»
38	Béziers	1	4	8	13	3,0	73
39	Bourges.........	31	2	3	36	8,4	8
40	Avignon.........	-	3	-	3	0,7	151
	TOTAUX......	684	568	507	1.759		
	A déduire (2 villes a)	»	1	5	6		
	Résultats comparatifs (38 villes).	684	567	502	1.753	3,03	

NUMÉROS D'ORDRE	VILLES.	NOMBRE DE DÉCÈS				PROPORTION TOTALE p. 10.000 habitants.	RANG OCCUPÉ
		1886	1887	1888	TOTAL		
41	Lorient..........	-	5	5	10	2,5	85
42	Dunkerque.......	11	3	3	17	4,4	33
43	Cherbourg (a)	»	4	1	*5	1,3	»
44	Cette...........	2	-	-	2	0,5	160
45	Poitiers (a)......	»	*6	»	*6	1,6	»
46	Levallois-Perret ...	2	4	3	9	2,5	80
47	Angoulême.......	-	3	10	13	3,7	49
48	Perpignan	-	3	8	11	3,2	70
49	Rochefort.......	1	2	1	4	1,2	131
50	Laval...........	2	-	-	2	0,6	154
51	Pau............	1	4	2	7	2,3	90
52	Douai..........	2	7	3	12	4,0	38
53	Montauban...-...	-	1	-	1	0,3	165
54	Boulogne-sur-Seine	4	4	5	13	4,4	34
55	Roanne	6	12	-	18	6,1	14
56	Périgueux........	1	1	-	2	0,6	153
57	Aix............	-	-	-	-	-	194
58	Narbonne (a)	»	3	1	*4	1,4	»
59	Armentières......	1	16	3	20	7,1	9
60	Valenciennes (a) ..	»	2	-	*2	0,7	»
61	Castres	5	11	13	29	10,6	6
62	Montluçon (a)	»	»	*1	*1	0,3	»
63	Le Creusot......	3	2	-	5	1,8	107
64	Bayonne.........	-	-	2	2	0,7	150
65	Arras	5	4	2	11	4,1	36
66	Carcassonne	-	7	3	10	3,7	47
67	Neuilly.........	2	3	3	8	3,0	74
68	Clichy..........	6	3	3	12	4,6	31
69	Vienne.........	3	2	-	5	1,9	101
70	Nevers	2	6	-	8	3,2	69
71	Valence.........	1	-	5	6	2,4	87
72	Tarbes (a).......	»	1	1	*2	0,8	»
73	St-Nazaire	-	-	4	4	1,6	118
74	La Rochelle (a)...	»	»	*1	*1	0,4	»
75	Châlons-sur-Marne	-	2	4	6	2,5	84
76	Cambrai........	1	1	2	4	1,7	117
77	Arles...........	-	4	-	4	1,7	116
	TOTAUX......	61	126	89	276		
	A déduire (7 villes a)	»	16	5	21		
	Résultats comparatifs (30 villes).	61	110	84	255	2.9	

(a) Angers (16) et Caen (37).

(a) Cherbourg (43), Poitiers (45), Narbonne (58), Valenciennes (60), Montluçon (62), Tarbes (72) et La Rochelle (74).

V. — MORTALITÉ PAR SCARLATINE (Suite).

NUMÉROS D'ORDRE	VILLES	NOMBRE DE DÉCÈS				PROPORTION TOTALE p. 10.000 habitants	RANG OCCUPÉ
		1886	1887	1888	TOTAL		
78	Chalon-sur-Saône	2	3	3	8	3,5	62
79	Dieppe	1	3	-	4	1,7	113
80	Alais	-	1	-	1	0,4	164
81	Niort	1	-	-	1	0,4	163
82	Agen	-	-	1	1	0,4	162
83	Châteauroux	-	1	1	2	0,9	143
84	Belfort	1	-	1	2	0,9	142
85	Chartres (a)	»	»	»	»	»	»
86	Aubervilliers	4	2	2	8	3,6	55
87	Blois	1	1	-	2	0,9	141
88	Moulins (a)	*13	»	»	*13	5,9	»
89	Vincennes	-	1	4	5	2,3	91
90	Elbeuf	-	-	-	-	-	193
91	Albi	-	-	-	-	-	192
92	Saint-Omer	-	-	2	2	0,9	140
93	Montreuil-s^r-Bois	2	1	-	3	1,4	124
94	Saint-Ouen	2	3	2	7	3,3	67
95	Chambéry (a)	3	-	»	*3	*1,4	»
96	Ivry	3	1	1	5	2,4	88
97	Lunéville	1	5	4	10	4,8	28
98	Epinal	2	20	2	24	11,7	4
99	Bastia	2	3	5	10	4,9	26
100	Vannes	-	-	-	-	-	191
101	Mâcon	1	1	3	5	2,5	83
102	Abbeville	1	2	11	14	7,1	10
103	Saint-Brieuc	-	2	-	2	1,0	136
104	Cannes	-	-	1	1	0,5	161
105	Pantin	-	1	6	7	3,6	56
106	Sedan	1	3	3	7	3,6	53
107	Le Puy	1	3	29	33	17,4	2
108	Bar-le-Duc	-	4	3	7	3,8	46
109	Beauvais	-	-	11	11	6,0	15
110	Bourg	-	1	-	1	0,5	159
111	Denain	-	-	-	-	-	190
112	Maubeuge	-	-	-	-	-	189
113	Alençon	-	-	-	-	-	188
114	Ajaccio	-	7	-	7	4,0	41
115	Verdun	-	2	8	10	5,7	17
116	Auxerre (a)	»	»	»	»	»	»
117	Châtellerault	2	5	2	9	5,1	24
118	Saintes	1	3	4	8	4,6	30
119	Epernay	-	1	1	2	1,1	135
120	Wattrelos	-	1	1	2	1,1	134
121	Evreux	-	-	1	1	0,5	158
122	Saint-Dié	1	2	3	6	3,5	60
	TOTAUX	46	83	115	244		
	A déduire (4 villes a)	16	»	»	16		
	Résultats comparatifs (41 villes.)	30	83	115	228	2,8	

NUMÉROS D'ORDRE	VILLES	NOMBRE DE DÉCÈS				PROPORTION TOTALE p. 10.000 habitants	RANG OCCUPÉ
		1886	1887	1888	TOTAL		
123	Annonay	2	1	-	3	1,7	112
124	Cholet	-	-	6	6	3,5	59
125	Quimper (a)	»	»	»	»	»	»
126	Charleville	-	1	2	3	0,8	111
127	Thiers (a)	-	3	»	*3	*1,8	»
128	Libourne	-	-	2	2	1,2	132
129	Saint-Germain	4	2	3	9	5,5	22
130	Tulle	-	1	2	3	1,8	109
131	Lisieux	1	-	5	6	3,7	51
132	Saint-Maur	-	-	-	-	-	187
133	Millau	-	-	-	-	-	186
134	Lambézellec (a)	»	-	1	*1	*0,6	»
135	Puteaux	5	-	1	6	3,8	45
136	Cahors	-	-	1	1	0,6	157
137	Fougères	-	1	-	1	0,6	156
138	Courbevoie	-	1	2	3	1,9	104
139	Montceau-l.-Mines	1	-	-	1	0,6	155
140	Auch	-	-	-	-	-	185
141	Cognac	1	2	3	6	3,9	43
142	Sotteville-l.-Rouen	-	-	-	-	-	184
143	Asnières	2	1	3	6	4,0	42
144	Issoudun	-	-	2	2	1,3	129
145	Villeneuve-sur-Lot	-	-	-	-	-	183
146	Morlaix	-	-	1	1	0,6	152
147	Mazamet	-	-	-	-	-	182
148	Fourmies	2	1	5	8	5,4	23
149	Aurillac	-	5	-	5	3,4	65
150	Halluin	-	5	-	5	3,4	64
151	Fontainebleau	-	-	4	4	2,7	78
152	Autun	2	-	-	2	1,3	127
153	Bergerac	1	1	1	3	2,0	99
154	Saint-Chamond	-	2	3	5	3,5	61
155	Compiègne	-	-	2	2	1,4	126
156	Saumur	-	-	-	-	-	181
157	Villeurbanne	1	1	1	3	2,1	98
158	Rive-de-Gier	-	3	-	3	2,1	97
159	Sens (a)	»	-	»	»	»	»
160	Montélimar	1	-	2	3	2,1	96
	TOTAUX	23	31	52	106		
	A déduire (4 villes a)	»	3	1	4		
	Résultats comparatifs (34 villes.)	23	28	51	102	1,9	

(a) Chartres (85), Moulins (88), Chambéry (95) et Auxerre (116).

(a) Quimper (125), Thiers (127), Lambézellec (134) et Sens (159).

V. — MORTALITÉ PAR SCARLATINE (*Suite*).

NUMÉROS D'ORDRE	VILLES	NOMBRE DE DÉCÈS				PROPORTION TOTALE p. 10.000 habitants.	RANG OCCUPÉ	NUMÉROS D'ORDRE	VILLES	NOMBRE DE DÉCÈS				PROPORTION TOTALE p. 10.000 habitants.	RANG OCCUPÉ
		1886	1887	1888	TOTAL					1886	1887	1888	TOTAL		
161	Firminy	-	4	5	9	6,4	13	198	Gap	-	7	12	19	16,5	3
162	Colombes (a)	»	3	4	*7	5,0	»	199	Grasse	-	-	-	-	-	173
163	Gentilly	1	-	2	3	2,1	95	200	La Grand-Combe	-	-	-	-	-	172
164	Romans	2	2	1	5	3,6	57	201	Langres	-	1	11	12	10,8	5
165	Flers (a)	»	»	»	»	»	»	202	Caudebec	-	-	-	-	-	171
166	Laon (a)	»	»	»	»	»	»	203	Montargis	-	2	1	3	2,7	79
167	Hyères (a)	»	»	»	»	»	»	204	Douarnenez (a)	»	6	-	*6	5,5	»
168	Brive	2	4	2	8	5,9	18	205	Mayenne (a)	»	»	»	»	»	»
169	Dôle	1	2	-	3	2,2	93	206	Béthune	-	-	2	2	1,8	108
170	Saint-Dizier	-	-	5	5	3,7	50	207	Hazebrouck	-	3	1	4	3,7	52
171	Bailleul (a)	6	1	»	*7	5,2	»	208	Sables d'Olonne (a)	»	»	»	»	»	X
172	La Seyne	-	1	-	1	0,7	149	209	Liévin (a)	»	-	»	»	»	»
173	Chaumont	-	2	-	2	1,5	123	210	La Ciotat (a)	»	-	1	*1	0,9	»
174	Argenteuil	4	-	-	4	3,1	72	211	Bessèges	-	-	-	-	-	170
175	Fécamp	-	-	-	-	-	180	212	Givors	3	1	-	4	3,7	48
176	Chantenay (a)	»	-	1	*1	0,7	»	213	Saint-Malo	-	-	-	-	-	169
177	Melun	1	1	-	2	1,6	131	214	Louviers	-	1	-	1	0,9	139
178	Charenton	2	-	2	4	3,2	71	215	Saint-Lô	-	1	2	3	2,8	75
179	Lons-le-Saunier	2	-	3	5	4,0	40	216	Vierzon-ville (a)	»	6	6	*12	11,4	»
180	Villefranche	-	-	-	-	-	179	217	Saint-Mandé (a)	»	1	-	*1	0,9	»
181	Saint-Servan	2	-	-	2	1,6	120	218	Toul	-	4	2	6	5,7	19
182	Meaux	3	1	1	5	4,0	39	219	Vitré (a)	»	»	»	»	»	»
183	Commentry	-	-	5	5	4,0	37	220	Anzon	-	-	1	1	0,9	138
184	Tarare	2	-	-	2	1,6	119	221	Pamiers	-	1	4	5	4,8	27
185	Saint-Amand	-	-	-	-	-	178	222	Vichy (a)	»	1	3	*4	3,8	»
186	Bolbec	1	-	-	1	0,8	148	223	Dax	-	-	2	2	1,9	103
187	Voiron	-	-	-	-	-	177	224	Orange	-	-	-	-	-	168
188	Rodez	-	-	4	4	3,3	66	225	Fontenay-le-Comte	4	1	1	6	5,8	18
189	Beaune	-	-	-	-	-	176	226	Montrouge (a)	»	1	2	*3	3,9	»
190	Issy	3	2	-	5	4,2	35	227	Petit-Quévilly (a)	»	-	3	*3	2,9	»
191	Plœmeur	4	4	-	8	6,7	12	228	Dinan	-	-	-	-	-	167
192	Soissons	1	1	1	3	2,5	81	229	Riom	6	4	10	20	19,9	1
193	La Roche-sur-Yon	-	-	-	-	-	175								
194	Annecy	-	1	-	1	0,8	145								
195	Pont-à-Mousson	-	-	-	-	-	174								
196	Lens	1	2	1	4	3,4	63								
197	Granville	1	1	-	2	1,7	115								
	TOTAUX	39	32	37	108				TOTAUX	13	41	64	118		
	A déduire (6 villes a)	6	4	5	15				A déduire (11 villes a)	»	15	15	30		
	Résultats comparatifs (31 villes).	33	28	32	93	2,4			Résultats comparatifs (21 villes).	13	26	49	88	3,9	

(a) Colombes (162), Flers (165), Laon (166), Hyères (167), Bailleul (171) et Chantenay (176).

(a) Douarnenez (204), Mayenne (205), Sables-d'Olonne (208), Liévin (209), La Ciotat (210), Vierzon-ville (216), Saint-Mandé (217), Vitré (219), Vichy (222), Montrouge (226) et Petit-Quévilly (227).

MORTALITÉ PAR SCARLATINE.

RÉCAPITULATIONS.

NOMBRE TOTAL DES DÉCÈS RELEVÉS POUR L'ENSEMBLE DES VILLES.

GROUPES DE VILLES.	1886.	1887.	1888.	TOTAL.
1er Groupe	684	568	507	1.759
2e —	61	126	89	276
3e —	45	83	115	244
4e —	23	31	52	106
5e —	39	32	37	108
6e —	13	41	64	118
TOTAUX.........	865	881	864	2.611

RÉSULTATS COMPARATIFS ET PROPORTIONNELS POUR 195 VILLES.

GROUPES.	NOMBRE de villes.	POPULATION.	NOMBRE DE DÉCÈS.				PROPORTION POUR 10.000 HABITANTS.			
			1886.	1887.	1888.	TOTAL.	1886.	1887.	1888.	TOTALE.
1er Groupe	38	5.708.888	684	567	502	1.753	1,1	0,9	0,8	3,0
2e —	30	868.590	61	110	84	255	0,7	1,2	0,9	2,9
3e —	41	810.688	30	83	115	228	0,3	1,0	1,4	2,8
4e —	34	516.559	23	28	51	102	0,4	0,5	0,9	1,9
5e —	31	386.536	33	28	32	93	0,8	0,7	0,8	2,4
6e —	21	224.285	13	26	49	88	0,5	1,1	2,2	3,9
TOTAUX...	195	8.575.576	844	842	833	2.519	0,9	0,9	0,9	2,9

MORTALITÉ PAR MALADIES ÉPIDÉMIQUES

DANS LES VILLES DE FRANCE DE PLUS DE 10.000 HABITANTS,

PENDANT LA 1re PÉRIODE TRIENNALE 1886, 1887 ET 1888.

TABLEAU VI.

MORTALITÉ PAR COQUELUCHE.

NOMBRE DES DÉCÈS RELEVÉS ET PROPORTION POUR 10.000 HABITANTS.

(Les chiffres de population figurent aux pages 44 et suivantes.)

Les 229 villes représentées sont réparties en six groupes suivis d'une récapitulation.

Les totaux portés au bas de chaque tableau sous la rubrique « Résultats comparatifs » correspondent aux seules villes, au nombre de 195, qui ont fourni des bulletins réguliers pendant les trois années consécutives, déduction faite des chiffres plus ou moins incomplets produits par les 34 autres villes. (Voir en annexe, page 71, la liste de ces 34 villes, avec l'indication des lacunes existant dans la production des bulletins statistiques.)

Les chiffres ou totaux incomplets sont marqués d'un *astérisque*.

La dernière colonne de chaque tableau donne le rang occupé par chaque ville, d'après le chiffre de mortalité proportionnelle, sur l'ensemble des 195 villes ayant fourni des résultats comparatifs.

VI. — MORTALITÉ PAR COQUELUCHE.

NUMÉROS D'ORDRE	VILLES	NOMBRE DE DÉCÈS				PROPORTION TOTALE p. 10.000 habitants	RANG OCCUPÉ
		1886	1887	1888	TOTAL		
1	Paris	564	424	262	1.250	5,5	63
2	Lyon	60	21	37	118	2,9	109
3	Marseille	30	57	86	173	4,5	77
4	Bordeaux	43	58	45	146	6,1	55
5	Lille	71	98	92	261	14,0	15
6	Toulouse	6	6	10	22	1,5	146
7	Nantes	15	13	2	30	2,3	123
8	Saint-Etienne	11	2	20	33	2,7	112
9	Le Havre	28	20	20	68	6,1	56
10	Rouen	4	4	11	19	1,7	137
11	Roubaix	56	26	52	134	13,3	17
12	Reims	39	43	6	88	8,9	26
13	Amiens	18	16	8	42	5,2	65
14	Nancy	5	14	4	23	2,9	110
15	Nice	-	13	15	28	3,7	89
16	Angers (a)	»	*5	*1	*6	*8,2	»
17	Brest	7	1	13	21	2,9	108
18	Nîmes	3	9	12	24	3,4	97
19	Toulon	11	1	8	20	2,8	111
20	Limoges	1	54	7	62	9,0	34
21	Rennes	9	5	8	22	3,3	102
22	Dijon	5	2	3	10	1,6	142
23	Orléans	1	3	7	11	1,8	136
24	Tours	3	10	-	13	2,1	126
25	Calais	13	8	16	37	6,2	54
26	Le Mans	1	5	5	11	1,9	131
27	Tourcoing	29	5	22	56	9,8	31
28	Montpellier	2	-	1	3	0,5	180
29	Besançon	3	15	2	20	3,5	93
30	Grenoble	4	2	1	7	1,3	151
31	Versailles	10	3	5	18	3,6	92
32	Saint-Quentin	94	4	19	117	24,8	5
33	Saint-Denis	15	31	4	50	10,6	25
34	Clermont-Ferrand	-	11	4	15	3,2	103
35	Troyes	17	1	2	20	4,3	82
36	Boulogne-sur-Mer	-	13	32	45	9,9	29
37	Caen (a)	»	*3	»	*3	*6,7	»
38	Béziers	24	6	12	42	9,8	30
39	Bourges	-	27	2	29	6,7	58
40	Avignon	13	3	6	22	5,3	64
	TOTAUX	1215	1042	862	3.119		
	A déduire (2 villes a)	»	8	1	9		
	Résultats comparatifs (38 villes)	1215	1034	861	3.110	5,4	

NUMÉROS D'ORDRE	VILLES	NOMBRE DE DÉCÈS				PROPORTION TOTALE p. 10.000 habitants	RANG OCCUPÉ
		1886	1887	1888	TOTAL		
41	Lorient	10	15	12	37	9,3	33
42	Dunkerque	22	34	41	97	25,3	4
43	Cherbourg (a)	»	2	3	*5	*1,3	»
44	Cette	12	1	-	13	3,5	94
45	Poitiers (a)	»	»	»	»	»	»
46	Levallois-Perret	4	12	4	20	5,7	60
47	Angoulême	-	2	-	2	0,5	177
48	Perpignan	1	2	13	16	4,6	73
49	Rochefort	1	3	1	5	1,5	144
50	Laval	-	-	-	-	-	195
51	Pau	-	-	1	1	0,3	183
52	Douai	7	1	26	34	11,4	21
53	Montauban	2	-	1	3	1,0	154
54	Boulogne-sur-Seine	2	7	4	13	4,4	78
55	Roanne	8	-	-	8	2,7	113
56	Périgueux	1	29	2	32	11,0	22
57	Aix	11	1	12	24	8,2	37
58	Narbonne (a)	»	-	»	»	»	»
59	Armentières	31	4	48	83	29,6	2
60	Valenciennes (a)	»	6	5	*11	*4,0	»
61	Castres	27	23	20	70	25,6	3
62	Montluçon (a)	1	»	-	*1	*0,3	»
63	Le Creusot	3	4	-	7	2,6	117
64	Bayonne	1	2	16	19	7,1	48
65	Arras	4	1	-	5	1,8	133
66	Carcassonne	4	-	-	4	1,5	147
67	Neuilly	10	4	6	20	7,7	43
68	Clichy	19	4	20	43	16,5	10
69	Vienne	1	1	-	2	0,7	166
70	Nevers	4	-	1	5	2,0	129
71	Valence	2	2	2	6	2,4	121
72	Tarbes (a)	1	7	-	*8	*3,2	»
73	Saint-Nazaire	8	7	1	16	6,5	53
74	La Rochelle (a)	»	-	»	»	»	»
75	Châlons-sur-Marne	-	-	1	1	0,4	182
76	Cambrai	-	1	-	1	0,4	194
77	Arles	2	1	5	8	3,4	100
	TOTAL	199	176	245	620		
	A déduire (7 villes a)	2	15	8	25		
	Résultats comparatifs (30 villes)	197	161	237	595	6,9	

(a) Angers (16) et Caen (37).

(a) Cherbourg (43), Poitiers (45), Narbonne (59), Valenciennes (60), Montluçon (62), Tarbes (72) et La Rochelle (74).

VI. — MORTALITÉ PAR COQUELUCHE (Suite.)

NUMÉROS D'ORDRE	VILLES	1886	1887	1888	TOTAL	PROPORTION TOTALE p. 10.000 habitants	RANG OCCUPÉ
78	Chalon-sur-Saône .	-	-	-	-	-	193
79	Dieppe.........	-	-	4	4	1,7	138
80	Alais...........	-	-	6	6	2,6	115
81	Niort	1	-	-	1	0,4	181
82	Agen	-	3	-	3	1,3	153
83	Chateauroux	11	-	5	16	7,2	47
84	Belfort.........	2	-	3	5	2,2	124
85	Chartres (a).....	»	»	»	»	»	»
86	Aubervilliers.....	3	11	1	15	6,8	50
87	Blois..........	-	4	-	4	1,8	135
88	Moulins (a)	*7	»	»	*7	*3,2	»
89	Vincennes	3	4	8	15	6,9	49
90	Elbeuf	2	-	-	2	0,9	161
91	Albi	21	5	1	27	12,7	18
92	Saint-Omer......	22	3	1	26	12,2	19
93	Montreuil-s'-Bois .	7	6	4	17	8,0	39
94	Saint-Ouen.....	6	6	9	21	10,0	28
95	Chambéry (a)	6	-	-	*6	*2,8	»
96	Ivry..........	8	1	5	14	6,7	51
97	Lunéville........	8	8	-	16	7,7	42
98	Epinal	7	-	-	7	3,4	96
99	Bastia..........	1	1	12	14	6,9	57
100	Vannes........	-	13	6	19	9,5	35
101	Mâcon	5	5	2	12	6,0	59
102	Abbeville.......	8	7	1	16	8,1	38
103	Saint-Brieuc.....	1	2	4	7	3,6	91
104	Cannes.........	2	1	1	4	2,0	128
105	Pantin	6	5	17	28	14,5	12
106	Sedan.........	1	8	-	9	4,7	71
107	Le Puy	2	-	1	3	1,5	145
108	Bar-le-Duc.......	-	6	2	8	4,3	80
109	Beauvais........	1	-	-	1	0,5	179
110	Bourg	-	3	1	4	2,2	125
111	Denain	1	3	10	14	7,8	40
112	Maubeuge	2	-	-	4	3,4	99
113	Alençon........	-	6	1	7	3,9	88
114	Ajaccio........	1	-	9	10	5,7	62
115	Verdun........	-	1	-	1	0,5	178
116	Auxerre (a)	»	»	»	»	»	»
117	Châtellerault	1	-	2	3	1,7	139
118	Saintes........	8	-	-	8	4,6	74
119	Epernay.......	-	-	7	7	4,0	87
120	Wattrelos.......	23	-	2	25	14,5	11
121	Evreux.........	-	-	1	1	0,5	176
122	Saint-Dié	-	-5	3	8	4,7	72
	TOTAUX.......	177	117	133	427		
	A déduire (4 villes a).	13	»	»	13		
	Résultats comparatifs (41 villes).	164	117	133	414	5,0	

NUMÉROS D'ORDRE	VILLES	1886	1887	1888	TOTAL	PROPORTION TOTALE p. 10.000 habitants	RANG OCCUPÉ
123	Annonay	8	4	6	18	10,6	24
124	Cholet...........	-	-	1	1	0,5	175
125	Quimper (a)	»	»	»	»	»	»
126	Charleville.......	1	1	-	2	1,2	152
127	Thiers (a)	1	-	»	*1	*0,6	»
128	Libourne	-	-	1	1	0,6	174
129	Saint-Germain ...	2	3	-	5	3,0	107
130	Tulle	-	6	-	6	3,6	90
131	Lisieux	-	3	-	3	1,8	134
132	Saint-Maur	3	2	-	5	3,1	103
133	Millau	-	6	1	7	4,4	79
134	Lambézellec (a)...	»	-	2	*2	*1,2	»
135	Puteaux.........	-	8	-	8	5,1	67
136	Cahors	-	1	4	5	3,2	105
137	Fougères	-	-	-	-	-	192
138	Courbevoie	1	3	-	4	2,5	119
199	Montceau-l.-Mines	1	-	-	1	0,6	173
140	Auch	-	-	4	4	2,6	116
141	Cognac..........	3	-	-	3	1,9	130
142	Sotteville-l.-Rouen	3	-	5	8	5,2	66
143	Asnières........	-	1	-	1	0,6	172
144	Issoudun	2	4	-	6	4,0	86
145	Villeneuve-sur-Lot	-	1	-	1	0,6	171
146	Morlaix.........	-	6	9	15	10,2	27
147	Mazamet	5	-	16	21	14,2	14
148	Fourmies........	1	-	3	4	2,7	114
149	Aurillac........	1	1	3	5	3,4	98
150	Hallain.........	3	16	10	29	19,8	8
151	Fontainebleau	-	2	-	2	1,3	150
152	Autun....	-	1	1	2	1,3	149
153	Bergerac........	1	-	4	5	3,4	95
154	Saint-Chamond...	1	-	5	6	4,1	85
155	Compiègne......	-	-	-	-	-	191
156	Saumur........	-	1	1	2	1,4	148
157	Villeurbanne.....	-	-	-	1	0,7	170
158	Rive-de-Gier.....	18	1	-	19	13,4	16
159	Sens (a)........	»	1	-	*1	*0,7	»
160	Montélimar......	1	5	2	8	5,7	61
	TOTAUX.......	57	77	78	212		
	A déduire (4 villes a).	1	1	2	4		
	Résultats comparatifs (34 villes).	56	76	76	208	4,0	

(a) Chartres (85), Moulins (88), Chambéry (95) et Auxerre (116). (a) Quimper (125), Thiers (127), Lambézellec (134) et Sens (159).

VI. — MORTALITÉ PAR COQUELUCHE (Suite).

NUMÉROS D'ORDRE	VILLES.	NOMBRE DE DÉCÈS.				PROPORTION TOTALE p. 10.000 habitants.	RANG OCCUPÉ.
		1886	1887	1888	TOTAL		
161	Firminy.........	13	1	1	15	10,7	23
162	Colombes (a).....	»	-	3	*3	2,1	»
163	Gentilly	7	5	8	20	14,3	13
164	Romans	-	3	-	3	*2,1	127
165	Flers (a).........	»	»	»	»	»	»
166	Laon (a).........	»	»	»	»	»	»
167	Hyères (a)........	»	»	»	»	»	»
168	Brive	2	18	12	32	23,8	6
169	Dôle	-	-	1	1	0,7	168
170	Saint-Dizier......	-	1	-	1	0,7	167
171	Bailleul (a).......	3	3	»	*6	4,4	»
172	La Seyne........	1	-	5	6	4,5	76
173	Chaumont........	1	-	-	1	0,7	169
174	Argenteuil	6	3	1	10	7,8	41
175	Fécamp..........	5	1	-	6	4,6	75
176	Chantenay (a)....	»	4	4	*8	6,3	»
177	Melun	3	-	1	4	3,2	104
178	Charenton	2	-	-	2	1,6	143
179	Lons-le-Saunier...	1	4	1	6	4,8	70
180	Villefranche......	-	-	-	-	-	190
181	Saint-Servan	2	3	1	6	4,8	69
182	Meaux	2	-	1	3	2,4	122
183	Commentry	-	2	-	2	1,6	141
184	Tarare..........	-	-	2	2	1,6	140
185	Saint-Amand.....	-	-	9	9	7,4	43
186	Bolbec..........	-	-	1	1	0,8	165
187	Voiron	-	-	1	1	0,8	164
188	Rodez;..........	-	1	2	3	2,5	120
189	Beaune	-	4	-	4	3,3	101
190	Issy............	1	1	3	5	4,2	84
191	Ploemeur........	1	1	3	5	4,2	83
192	Soissons	-	-	-	-	-	189
193	La Roche-sur-Yon.	3	1	2	6	5,0	68
194	Annecy..........	4	-	5	9	7,6	45
195	Pont-à-Mousson...	-	-	-	-	-	188
196	Lens	-	-	3	3	2,5	118
197	Granville	1	-	4	5	4,3	81
	TOTAUX	58	56	74	183		
	A déduire (6 villes a).	3	7	7	17		
	Résultats comparatifs (31 villes).	55	49	67	171	4,4	

NUMÉROS D'ORDRE	VILLES.	NOMBRE DE DÉCÈS				PROPORTION TOTALE p. 10.000 habitants.	RANG OCCUPÉ.
		1886	1887	1888	TOTAL		
198	Gap............	3	15	21	39	34,0	1
199	Grasse..........	-	-	-	-	-	187
200	La Grand-Combe .	1	-	-	1	0,8	163
201	Langres	-	-	-	-	-	186
202	Caudebec	-	1	-	1	0,9	162
203	Montargis.......	-	-	-	-	-	185
204	Douarnenez (a)...	»	14	-	*14	*12,8	»
205	Mayenne (a).....	»	»	»	»	»	»
206	Béthune	3	1	3	7	6,4	52
207	Hazebrouck	11	2	-	13	12 0	20
208	Sables-d'Olonne (a)	»	»	»	»	»	»
209	Liévin (a).......	»	1	8	*9	*8,4	»
210	La Ciotat (a)....	»	-	-	»	»	»
211	Bessèges	2	15	2	19	17,7	9
212	Givors..........	1	1	8	10	9,4	32
213	Saint-Malo	2	-	-	2	1,8	132
214	Louviers	-	-	-	-	-	184
215	Saint-Lô........	-	8	3	11	10,4	23
216	Vierzon-ville (a)..	»	10	4	*14	*13,3	»
217	Saint-Mandé (a)..	»	-	-	»	»	»
218	Toul...........	1	-	-	1	0,9	160
219	Vitré (a).......	*1	»	»	*1	*0,9	»
220	Anzin	5	-	3	8	7,7	44
221	Pamiers	-	12	10	22	21,3	7
222	Vichy (a).......	»	-	-	»	»	»
223	Dax	-	-	1	1	0,9	159
224	Orange.........	-	1	-	1	0,9	158
225	Fontenay-le-Comte	-	-	1	1	0,9	157
226	Montrouge (a)....	»	2	-	*2	*1,9	»
227	Petit-Quévilly (a).	»	1	-	*1	*0,9	»
228	Dinan..........	-	1	-	1	0,9	156
229	Riom	-	-	1	1	0,9	155
	TOTAUX	30	86	64	180		
	A déduire (11 villes a)	1	28	12	41		
	Résultats comparatifs (21 villes).	29	58	52	139	6,2	

(a) Colombes (162), Flers (165), Laon (166), Hyères (167), Bailleul (171) et Chantenay (176).

(a) Douarnenez (204), Mayenne (205), Sables-d'Olonne (208), Liévin (209), La Ciotat (210), Vierzon-ville (216), Saint-Mandé (217), Vitré (219), Vichy (222), Montrouge (226) et Petit-Quévilly (227).

MORTALITÉ PAR COQUELUCHE.

RÉCAPITULATIONS.

NOMBRE TOTAL DES DÉCÈS RELEVÉS POUR L'ENSEMBLE DES VILLES.

GROUPES DE VILLES.	1883.	1887.	1888.	TOTAL.
1er groupe	1.215	1.042	862	3.119
2e —	193	176	245	620
3e —	177	117	133	427
4e —	57	77	78	212
5e —	58	56	74	188
6e —	30	86	64	180
Totaux.	1.736	1.554	1.456	4.746

RÉSULTATS COMPARATIFS ET PROPORTIONNELS
POUR 195 VILLES.

GROUPES.	NOMBRE de villes.	POPULATION.	NOMBRE DE DÉCÈS. 1886.	1887.	1888.	TOTAL.	PROPORTION POUR 10.000 HABITANTS. 1886.	1887.	1888.	TOTALE.
1er groupe	38	5.768.888	1.215	1.034	861	3.110	2,1	1,8	1,5	5,4
2e —	30	868.590	197	161	237	595	2,2	1,8	2,7	6,8
3e —	41	810.688	164	117	133	414	2,0	1,4	1,6	5,1
4e —	34	516.559	56	76	76	208	1,1	1,4	1,4	4,0
5e —	31	386.566	55	49	67	171	1.4	1,2	1,7	4,4
6e —	21	224.285	29	58	52	139	1,2	2,5	2,3	6,2
Totaux...	195	8.575.576	1.716	1.495	1.426	4.637	2,0	1,7	1,6	5,4

MORTALITÉ PAR MALADIES ÉPIDÉMIQUES

DANS LES VILLES DE FRANCE DE PLUS DE 10.000 HABITANTS,

PENDANT LA 1re PÉRIODE TRIENNALE 1886, 1887 ET 1888.

TABLEAU VII.

MORTALITÉ TOTALE PAR MALADIES ÉPIDÉMIQUES

(FIÈVRE TYPHOÏDE, VARIOLE, ROUGEOLE, DIPHTÉRIE, SCARLATINE ET COQUELUCHE),

ET MORTALITÉ GÉNÉRALE.

NOMBRE DES DÉCÈS RELEVÉS ET PROPORTION POUR 10.000 HABITANTS.

Les 229 villes représentées sont réparties en six groupes suivis d'une récapitulation.

Les totaux portés au bas de chaque tableau sous la rubrique « Résultats comparatifs » correspondent aux seules villes, au nombre de 195, qui ont fourni des bulletins réguliers pendant les trois années consécutives, déduction faite des chiffres plus ou moins incomplets produits par les 34 autres villes. (Voir en annexe, page 71, la liste de ces 34 villes, avec l'indication des lacunes existant dans la production des bulletins statistiques.)

Les chiffres ou totaux incomplets sont marqués d'un *astérisque*.

La dernière colonne de chaque tableau donne le rang occupé par chaque ville, d'après le chiffre de mortalité proportionnelle, sur l'ensemble des 195 villes ayant fourni des résultats comparatifs.

MORTALITÉ TOTALE PAR MALADIES ÉPIDÉMIQUES (FIÈVRE TYPHOÏDE, VARIOLE,

N°	VILLES.	POPULATION.	NOMBRE DE DÉCÈS				PROPORTION POUR 10.000 HABITANTS				RANG OCCUPÉ.
			1885.	1887.	1888.	TOTAL.	1886.	1887.	1888.	TOTALE.	
1	Paris	2.260.945	4.806	5.030	4.113	14.509	21,4	26,9	18,2	64,5	81
2	Lyon	400.410	530	480	568	1.556	13,4	11,1	14,1	38,8	148
3	Marseille	376.143	3.256	1.383	1.609	5.928	86,5	35,6	37,4	159,4	8
4	Bordeaux	237.073	388	461	493	1.382	13,1	19,3	20,7	58,3	98
5	Lille	196.172	308	547	417	1.502	16,5	29,3	21,0	60,0	73
6	Toulouse	194.712	286	512	233	1.031	17,6	30,3	17,4	70,5	68
7	Nantes	126.696	159	232	471	862	13,6	18,4	13,5	44,5	136
8	Saint-Étienne	117.875	216	272	201	692	18,3	27,0	17,3	58,7	94
9	Le Havre	111.327	225	547	902	1.363	20,1	40,0	53,3	122,4	13
10	Rouen	106.495	194	238	229	657	18,2	22,3	21,1	61,6	87
11	Roubaix	100.170	186	185	175	516	15,5	18,4	17,4	51,5	120
12	Reims	97.903	365	211	371	950	37,5	21,5	37,8	97,0	23
13	Amiens	79.307	107	166	286	611	21,0	20,1	35,8	77,0	51
14	Nancy	79.001	68	29	516	300	11,8	12,5	14,6	30,1	147
15	Nice	73.689	175	401	227	808	23,6	66,4	30,7	110,0	14
16	Angers (a)	72.694	*57	*109	*50	*225	*7,7	*16,9	*8,0	*30,6	»
17	Brest	70.758	92	456	362	910	12,9	64,4	51,1	128,3	12
18	Nîmes	69.898	83	143	109	335	11,8	20,4	15,5	47,7	137
19	Toulon	65.612	301	191	126	618	45,3	37,5	18,1	88,9	35
20	Limoges	64.291	85	207	126	418	12,4	30,3	18,6	61,2	88
21	Rennes	66.129	162	138	91	391	24,4	20,8	13,7	59,1	93
22	Dijon	61.951	92	56	63	200	14,8	8,0	10,0	32,9	105
23	Orléans	60.418	51	52	52	155	8,4	8,5	8,5	25,6	167
24	Tours	59.311	117	221	89	427	19,7	37,3	14,9	72,1	65
25	Calais	58.710	179	213	133	503	30,4	41,2	22,4	94,2	27
26	Le Mans	57.370	78	48	132	258	11,8	8,8	22,0	44,7	134
27	Tourcoing	58.006	53	61	96	210	9,2	10,7	16,5	36,8	158
28	Montpellier	56.721	80	276	261	615	14,1	48,3	45,9	108,2	18
29	Besançon	56.303	154	167	95	470	27,3	29,6	16,6	73,8	61
30	Grenoble	51.017	131	170	127	457	25,6	34,9	25,0	82,5	120
31	Versailles	49.852	71	110	50	234	16,8	22,0	10,0	46,8	103
32	Saint-Quentin	47.002	132	75	55	262	27,9	16,1	11,8	55,7	114
33	Saint-Denis	46.839	95	186	120	400	20,2	39,6	25,6	85,5	41
34	Clermont-Ferrand	49.426	70	126	50	246	14,0	27,1	10,7	51,9	114
35	Troyes	49.272	122	60	65	236	26,3	14,9	13,0	55,2	111
36	Boulogne-sur-Mer	43.074	71	101	87	262	15,7	23,0	19,2	57,9	99
37	Caen (a)	44.178	»	*37	*55	92	»	*8,3	*12,4	*20,8	»
38	Béziers	42.884	108	112	239	459	25,1	26,1	55,8	107,1	19
39	Bourges	42.829	50	103	86	251	13,7	23,9	20,7	75,9	98
40	Avignon	41.007	56	198	62	311	13,4	47,3	15,1	75,9	50
	Totaux	5.886.110	13.747	16.171	12.436	41.355					
	Additaire (2 villes a)	117.222	57	146	414	217					
	Résultats comparatifs (38 villes)	5.768.888	13.690	16.025	12.234	41.030	23,7	26,0	21,3	71,1	

(a) Angers (16) et Caen (37).

ROUGEOLE, DIPHTÉRIE, SCARLATINE, COQUELUCHE) ET MORTALITÉ GÉNÉRALE.

MORTALITÉ GÉNÉRALE.

NOMBRE DE DÉCÈS				PROPORTION POUR 10.000 HABITANTS				RANG OCCUPÉ.	VILLES.	N°
1886.	1887.	1888.	TOTAL.	1886.	1887.	1888.	TOTALE.			
56.110	52.836	51.230	160.176	253	231	226	708	130	Paris	1
9.446	8.885	9.014	27.345	235	221	225	682	147	Lyon	2
13.104	10.060	10.871	31.951	348	261	290	929	29	Marseille	3
5.824	5.951	5.798	17.573	226	261	264	741	103	Bordeaux	4
5.444	4.696	4.901	14.780	276	250	207	794	71	Lille	5
3.863	3.914	3.583	11.360	302	270	217	795	70	Toulouse	6
2.961	3.037	3.095	9.083	226	249	237	718	134	Nantes	7
3.690	2.993	2.872	8.555	228	251	242	785	116	Saint-Étienne	8
3.318	3.572	3.959	10.840	298	321	350	971	18	Le Havre	9
3.887	3.201	3.578	11.096	379	337	335	1.038	7	Rouen	10
2.417	2.271	2.416	7.104	361	276	241	709	135	Roubaix	11
2.049	2.661	3.530	8.890	301	280	306	908	41	Reims	12
2.161	1.950	2.098	6.023	272	252	258	763	88	Amiens	13
1.871	1.850	1.929	5.653	326	328	313	715	136	Nancy	14
2.314	2.321	2.062	6.707	299	331	279	918	26	Nice	15
2.158	1.928	1.950	6.036	296	263	269	821	»	Angers (a)	16
3.205	2.728	2.314	7.245	325	385	336	1.037	8	Brest	17
1.793	1.913	1.739	5.458	254	277	257	778	78	Nîmes	18
2.389	2.007	1.797	6.013	337	278	238	879	38	Toulon	19
1.704	1.733	1.578	5.015	260	255	241	755	111	Limoges	20
2.306	2.083	1.808	6.327	348	315	270	913	71	Rennes	21
1.671	1.335	1.306	4.300	253	215	225	691	137	Dijon	22
1.519	1.496	1.402	4.416	254	217	232	731	115	Orléans	23
1.383	1.491	1.451	4.325	233	251	215	729	117	Tours	24
1.508	1.385	1.308	4.286	271	235	222	729	116	Calais	25
1.713	1.640	1.561	4.714	298	354	268	821	57	Le Mans	26
1.402	1.155	1.381	3.408	243	262	080	439	10	Tourcoing	27
1.721	1.907	1.884	5.498	303	336	359	949	10	Montpellier	28
1.314	1.351	1.221	3.297	283	247	232	763	87	Besançon	29
1.310	1.330	1.449	3.000	258	296	239	760	80	Grenoble	30
1.237	1.055	1.028	3.781	202	261	219	737	95	Versailles	31
1.875	1.619	1.191	3.300	257	162	217	702	133	Saint-Quentin	32
1.181	1.155	587	4.683	390	345	284	090	11	Saint-Denis	33
1.503	1.186	1.534	3.323	254	248	212	716	123	Clermont-Ferrand	34
1.198	1.040	1.074	4.050	308	286	228	884	39	Troyes	35
1.387	1.210	1.290	3.302	254	239	238	793	110	Boulogne-sur-Mer	36
1.056	1.032	1.332	3.887	313	273	292	881	»	Caen (a)	37
818	868	715	3.439	246	245	311	803	68	Béziers	38
1.139	1.209	1.032	5.432	191	209	167	598	188	Bourges	39
			3.083	277	312	238	848	48	Avignon	40
130.138	108.037	150.450	450.315							
2.515	3.138	3.238	9.921							
152.503	145.490	142.212	440.994	204	252	240	780			

MORTALITÉ TOTALE PAR MALADIES ÉPIDÉMIQUES (FIÈVRE TYPHOÏDE, VARIOLE,

MORTALITÉ TOTALE PAR MALADIES ÉPIDÉMIQUES.

NUMÉRO D'ORDRE	VILLES	POPULA-TION	NOMBRE DE DÉCÈS				PROPORTION POUR 10.000 HABITANTS				RANG occupé
			1886	1887	1888	TOTAL	1886	1887	1888	TOTALE	
41	Lorient	39.500	214	123	295	632	52.5	29.9	74.9	159.5	7
42	Dunkerque	38.240	72	92	93	257	18.8	23.9	24.7	66.6	20
43	Cherbourg (a)	37.013	»	133	104	237	»	46.7	28.1	74.8	»
44	Cette	34.102	131	281	324	736	55.5	76.1	87.5	199.3	3
45	Poitiers (a)	20.828	23	89	»	103	6.2	21.6	»	37.3	»
46	Levallois-Perret	34.381	62	186	81	327	17.0	53.4	22.4	90.7	26
47	Angoulême	35.307	64	179	95	320	18.2	51.9	26.6	93.9	35
48	Perpignan	34.183	69	75	229	359	17.5	21.9	68.9	104.8	39
49	Rochefort	31.400	50	182	58	250	15.9	58.3	18.5	92.8	59
50	Laval	30.221	80	47	29	126	20.1	5.6	9.6	41.7	132
51	Pau	30.162	33	19	63	115	10.9	6.2	20.8	38.0	149
52	Douai	29.577	42	51	72	165	14.1	17.2	24.3	55.7	102
53	Montauban	29.465	32	28	86	104	10.8	9.5	15.0	35.0	165
54	Boulogne-sur-Seine	29.406	40	50	100	190	16.6	17.0	36.0	65.2	82
55	Baume	29.225	86	53	33	143	15.7	18.8	11.3	46.8	131
56	Périgueux	29.005	36	126	80	205	13.6	43.3	12.7	70.3	70
57	Aix	28.657	58	55	72	186	20.8	18.0	24.8	61.4	83
58	Narbonne (a)	28.378	»	130	87	267	»	50.8	30.6	50.6	»
59	Armentières	27.986	80	59	172	311	34.5	58.9	61.4	111.0	17
60	Valenciennes (a)	27.277	2	50	51	103	0.7	18.6	17.5	37.6	»
61	Castres	27.272	167	125	120	412	61.1	49.8	50.9	161.8	6
62	Montluçon (a)	26.950	83	»	23	314	33.0	»	9.2	52.3	»
63	Le Creusot	26.803	193	56	46	298	13.1	9.7	17.1	16.9	24
64	Bayonne	21.563	13	24	95	129	4.3	9.9	34.9	48.4	135
65	Arras	29.430	33	68	7	101	12.4	21.1	2.6	39.3	146
66	Carcassonne	26.363	61	66	48	175	23.1	21.9	18.1	66.3	79
67	Neuilly	26.270	29	29	38	92	11.1	11.1	13.0	73.3	100
68	Clichy	26.092	73	107	129	309	28.0	41.1	49.6	118.7	18
69	Vienne	25.405	61	27	53	141	25.0	10.6	20.9	55.6	101
70	Nevers	24.817	36	115	37	188	14.5	86.3	14.0	79.8	54
71	Valence	24.661	30	61	27	121	14.5	24.6	10.9	50.2	121
72	Tarbes (a)	24.434	8	101	110	204	3.2	43.6	68.5	105.5	»
73	Saint-Nazaire	25.339	33	95	71	199	13.1	39.5	28.2	81.8	46
74	La Rochelle (a)	24.108	1	67	19	85	0.5	35.6	7.8	36.7	»
75	Châlons-sur-Marne	23.717	31	16	17	64	13.0	6.7	7.1	39.9	183
76	Cambrai	23.847	13	45	52	80	5.5	6.3	22.0	43.8	169
77	Arles	23.491	65	49	64	178	28.0	19.5	28.0	78.7	90
	Totaux	1.073.707	2.072	3.046	2.990	8.113					
	À déduire (7 villes a)	255.117	123	643	405	1.172					
	Résultats comparatifs (70 villes)	868.550	1.949	2.406	2.585	6.941	22.4	27.6	29.6	79.9	

(a) Cherbourg (43), Poitiers (45), Narbonne (58), Valenciennes (60), Montluçon (62), Tarbes (72) et La Rochelle (74).

ROUGEOLE, DIPHTÉRIE, SCARLATINE, COQUELUCHE) ET MORTALITÉ GÉNÉRALE (*Suite*).

MORTALITÉ GÉNÉRALE

NOMBRE DE DÉCÈS				PROPORTION POUR 10.000 HABITANTS				RANG occupé	VILLES	NUMÉRO D'ORDRE
1886	1887	1888	TOTAL	1886	1887	1888	TOTALE			
1.190	1.063	1.266	3.519	190	269	319	878	27	Lorient	41
1.040	551	1.096	3.101	273	249	283	785	73	Dunkerque	42
2.073	1.020	985	3.084	242	238	251	832	73	Cherbourg (a)	43
954	1.081	1.153	3.187	258	297	313	874	62	Cette	44
875	907	776	2.558	277	285	249	293	»	Poitiers (a)	45
858	1.007	951	2.826	249	292	278	819	98	Levallois-Perret	46
771	827	756	2.307	217	253	219	688	139	Angoulême	47
912	973	1.039	2.871	275	307	303	832	51	Perpignan	48
838	807	721	2.466	269	287	235	796	72	Rochefort	49
912	704	871	2.601	311	259	280	8.0	40	Laval	50
676	712	734	2.117	223	245	243	700	125	Pau	51
676	573	695	1.939	217	191	291	611	173	Douai	52
828	700	730	2.267	281	241	248	711	83	Montauban	53
762	759	933	2.451	250	250	317	833	86	Boulogne-sur-Seine	54
717	701	736	2.223	253	260	255	761	91	Baume	55
719	823	896	2.237	247	282	309	799	85	Périgueux	56
851	756	633	2.240	240	240	217	770	81	Aix	57
»	814	696	2.192	296	283	247	769	»	Narbonne (a)	58
900	713	901	2.514	311	204	331	907	29	Armentières	59
656	615	645	1.969	237	225	233	648	»	Valenciennes (a)	60
618	616	696	1.870	241	225	274	686	142	Castres	61
563	»	»	853	231	»	»	250	»	Montluçon (a)	62
698	622	654	1.974	260	157	170	587	186	Le Creusot	63
521	537	658	1.716	195	201	247	643	164	Bayonne	64
607	649	452	1.744	219	224	208	832	158	Arras	65
735	748	782	2.340	278	283	296	857	46	Carcassonne	66
840	554	611	1.705	307	211	235	655	139	Neuilly	67
682	769	880	2.331	252	295	338	860	30	Clichy	68
595	606	577	1.777	234	238	227	699	135	Vienne	69
638	624	551	1.813	257	251	232	731	114	Nevers	70
573	620	603	1.935	272	254	241	771	89	Valence	71
461	530	476	1.467	198	216	196	098	»	Tarbes (a)	72
531	453	557	1.891	259	296	533	767	92	Saint-Nazaire	73
581	618	559	1.758	241	256	231	720	»	La Rochelle (a)	74
625	548	580	1.753	263	237	246	730	108	Châlons-sur-Marne	75
427	603	471	1.361	183	198	199	576	185	Cambrai	76
703	684	645	2.022	299	291	270	800	43	Arles	77
27.154	26.278	26.400	79.832							
8.878	7.602	7.363	23.355							
18.773	18.676	19.075	56.477	216	216	219	650			

MORTALITÉ TOTALE PAR MALADIES ÉPIDÉMIQUES (FIÈVRE TYPHOÏDE, VARIOLE,

ROUGEOLE, DIPHTÉRIE, SCARLATINE, COQUELUCHE) ET MORTALITÉ GÉNÉRALE (Suite.)

MORTALITÉ TOTALE PAR MALADIES ÉPIDÉMIQUES.

NUMÉROS D'ORDRE	VILLES.	POPULATION.	NOMBRE DE DÉCÈS.				PROPORTION POUR 10.000 HABITANTS.				RANG occupé.
			1886.	1887.	1888.	TOTAL.	1886.	1887.	1888.	TOTAUX.	
78	Chalon-sur-Saône	22.781	8	13	49	70	3,5	5,7	21,4	30,7	173
79	Dieppe	22.740	67	39	30	136	29,8	17,1	8,7	59,2	110
80	Alais	22.514	14	35	23	72	6,3	15,6	10,3	32,0	169
81	Niort	22.509	38	81	35	154	16,8	36,0	15,5	68,4	72
82	Agen	22.131	93	37	19	82	11,7	16,7	8,6	37,1	151
83	Châteauroux	22.039	25	19	34	100	11,3	8,6	15,4	35,4	122
84	Belfort	21.912	30	17	21	73	15,5	7,3	9,6	32,6	167
85	Chartres (a)	21.903	»	»	»	»	»	»	»	»	»
86	Aubervilliers	21.862	42	93	53	188	19,1	43,4	26,2	85,8	39
87	Blois	21.764	22	24	19	65	9,9	11,0	8,7	29,8	170
88	Moulins (a)	21.721	* 46	»	»	* 46	*21,4	»	»	*21,4	»
89	Vincennes	21.680	20	61	37	139	9,2	29,0	17,0	55,2	100
90	Elbeuf	21.655	11	40	21	77	5,0	18,5	12,0	35,6	157
91	Albi	21.105	46	58	69	173	21,5	27,3	32,5	81,6	47
92	Saint-Omer	21.110	75	14	25	145	36,0	6,6	11,8	54,5	112
93	Montreuil-s.-Bois	21.127	20	75	39	142	19,4	35,0	13,7	67,2	78
94	Saint-Ouen	20.812	35	99	66	100	16,8	48,0	26,0	91,3	31
95	Chambéry (a)	20.705	38	26	»	* 66	18,3	12,4	»	* 31,7	»
96	Ivry	20.756	31	41	50	126	18,7	19,7	22,1	60,5	91
97	Lunéville	20.603	29	81	36	146	14,0	39,3	17,3	70,8	67
98	Épinal	20.406	16	55	38	109	7,8	27,0	19,4	53,5	113
99	Bastia	20.376	86	207	54	344	41,3	101,8	26,1	169,4	5
100	Vannes	20.039	32	55	39	127	15,9	27,4	19,4	63,4	85
101	Mâcon	19.605	31	23	50	104	15,5	11,6	25,3	52,7	116
102	Abbeville	19.601	40	46	61	147	20,4	23,3	31,0	74,6	57
103	Saint-Brieuc	19.390	51	42	56	197	26,3	67,0	29,1	101,5	23
104	Cannes	19.299	8	41	19	68	4,1	21,3	9,0	35,4	158
105	Pontin	19.197	39	69	89	197	20,3	35,9	46,3	102,5	21
106	Sedan	19.015	25	21	59	105	13,1	11,0	31,0	55,2	108
107	Le Puy	18.870	22	48	67	137	11,6	25,3	35,4	72,4	64
108	Bar-le-Duc	18.438	14	21	23	58	7,6	11,4	12,4	31,5	170
109	Beauvais	18.301	30	8	32	72	16,4	4,3	18,1	38,8	148
110	Bourg	17.871	10	15	13	38	5,5	8,3	7,3	21,2	191
111	Denain	17.807	18	22	53	63	10,1	12,3	12,9	35,3	159
112	Maubeuge	17.580	15	13	- 21	48	8,5	7,3	11,9	27,8	180
113	Abençon	17.350	26	21	22	69	14,8	12,0	12,5	30,4	145
114	Ajaccio	17.523	31	73	51	158	17,7	41,7	30,8	90,2	33
115	Verdun	17.501	28	58	65	151	16,0	33,1	37,1	84,3	38
116	Auxerre (a)	17.409	»	»	»	»	»	»	»	»	»
117	Châtellerault	17.403	12	86	51	92	6,9	20,1	19,5	62,8	115
118	Saintes	17.227	17	39	14	70	9,8	22,5	8,0	40,4	143
119	Épernay	17.326	30	40	30	103	17,3	23,1	17,3	57,8	100
120	Wattrelos	17.153	31	29	15	75	17,4	16,8	8,7	43,0	138
121	Évreux	17.096	14	35	29	76	8,3	20,0	16,4	44,7	133
122	Saint-Dié	17.025	13	18	57	88	7,5	10,5	33,5	51,7	119

	Totaux	892.325	1.291	1.951	1.582	4.836					
	À déduire (4 villes a)	81.675	84	28	»	112					
	Résultats comparatifs (84r villes)	810.688	1.207	1.923	1.582	4.712	14,9	23,7	19,5	58,1	

(a) Chartres (85), Moulins (88), Chambéry (95) et Auxerre (116).

MORTALITÉ GÉNÉRALE.

NOMBRE DE DÉCÈS.				PROPORTION POUR 10.000 HABITANTS.				RANG occupé.	VILLES.	NUMÉROS D'ORDRE
1886.	1887.	1888.	TOTAL.	1886.	1887.	1888.	TOTAUX.			
551	560	643	1.764	241	245	276	764	101	Chalon-sur-Saône	78
880	645	739	2.174	372	290	325	1046	12	Dieppe	79
618	563	584	1.757	276	243	2 2	706	97	Alais	80
610	612	617	1.870	271	286	278	833	55	Niort	81
621	578	598	1.795	277	2 1	278	807	69	Agen	82
408	562	555	1.425	185	219	252	657	183	Châteauroux	83
406	350	372	1.308	221	160	170	551	192	Belfort	84
602	»	602	* 1.198	.78	»	276	545	»	Chartres (a)	85
596	603	608	1.917	23	316	304	875	58	Moulins (a)	88
593	591	517	1.700	257	271	259	780	77	Vincennes	89
613	»	»	* 313	282	»	»	262	»	Elbeuf	90
498	501	472	1.441	215	2 6	217	660	151	Albi	91
690	621	657	1.986	322	291	287	875	40	Saint-Omer	92
490	515	504	1.355	233	297	257	719	133	Montreuil-s.-Bois	93
501	491	492	1.559	240	228	228	780	101	Saint-Ouen	94
539	540	570	1.679	375	273	341	725	70	Ivry	96
519	508	565	1.541	245	291	270	837	53	Lunéville	97
555	535	501	1.524	266	245	252	733	»	Épinal	98
862	798	901	2.541	401	392	553	1.230	3	Bastia	99
472	492	412	1.376	229	294	204	647	155	Vannes	100
611	787	651	2.04	301	387	318	1.015	178	Mâcon	101
83	496	498	1.505	211	247	212	702	132	Abbeville	102
511	633	478	1.522	309	290	252	731	122	Saint-Brieuc	103
536	478	561	1.601	217	279	285	787	90	Cannes	104
602	631	676	1.531	394	329	311	1.005	110	Pontin	105
475	570	500	1.534	*17	201	309	808	92	Sedan	106
473	502	587	1.502	211	261	350	301	89	Le Puy	107
412	501	449	1.356	246	207	231	670	157	Bar-le-Duc	108
501	611	517	1.562	312	337	319	966	23	Beauvais	109
394	389	388	1.175	215	211	210	647	107	Bourg	110
464	412	510	1.361	263	225	276	757	93	Denain	111
609	541	513	1.700	372	307	31	977	16	Maubeuge	112
378	270	331	1.051	221	162	187	562	140	Abençon	113
315	291	301	997	178	165	171	515	105	Ajaccio	114
530	514	439	1.492	303	293	254	832	50	Verdun	115
476	451	451	1.303	257	247	244	741	103	Auxerre (a)	116
570	557	595	1.692	246	181	229	923	172	Châtellerault	117
»	»	»	»	»	»	»	»	»	Saintes	118
375	400	400	1.175	216	230	230	653	159	Épernay	119
359	394	329	993	172	207	322	572	194	Wattrelos	120
385	366	353	1.091	222	207	203	672	160	Évreux	121
464	361	364	1.143	273	213	214	687	160	Saint-Dié	122
390	477	350	1.356	246	270	252	760	199		
378	33	»	1.159	221	211	251	675	100		

22.689	21.160	21.593	65.362				5.321			
2.866	1.442	1.013								
20.193	20.018	19.920	60.101	300	296	296	711			

MORTALITÉ TOTALE PAR MALADIES ÉPIDÉMIQUES (FIÈVRE TYPHOÏDE, VARIOLE,

ROUGEOLE, DIPHTÉRIE, SCARLATINE, COQUELUCHE) ET MORTALITÉ GÉNÉRALE (Suite).

NUMÉROS D'ORDRE	VILLES	POPULATION	MORTALITÉ TOTALE PAR MALADIES ÉPIDÉMIQUES							MORTALITÉ GÉNÉRALE								RANG OCCUPÉ	VILLES	NUMÉROS D'ORDRE
			NOMBRE DE DÉCÈS				PROPORTION POUR 10.000 HABITANTS			RANG OCCUPÉ	NOMBRE DE DÉCÈS				PROPORTION POUR 10.000 HABITANTS					
			1886	1887	1888	TOTAL	1886	1887	1888	TOTAL.		1886	1887	1884	TOTAL.	1886	1887	1888	TOTAL.			
123	Annonay	13.657	38	54	53	125	27,4	29,1	31,3	78,6	60	548	457	492	1.497	324	279	251	885	33	Annonay	123
124	Cholet	14.804	16	46	51	113	9,5	27,3	30,3	67,2	77	509	554	413	1.469	343	259	265	883	415	Cholet	124
125	Quimper (a)	15.388	»	»	27	27	»	»	16,7	16,1	»	579	520	571	1.670	395	311	291	1.000	»	Quimper (a)	125
126	Charleville	14.680	35	15	11	61	20,9	8,9	6,5	46,5	134	373	296	336	1.005	223	177	204	631	179	Charleville	126
127	Thiers (a)	14.639	12	13	»	25	7,3	7,9	»	15,2	»	423	443	381	1.217	257	251	232	742	»	Thiers (a)	127
128	Libourne	13.414	7	3	13	23	4,3	1,8	7,9	14,0	195	398	340	373	1.071	250	207	237	679	198	Libourne	128
129	Saint-Germain	16.312	26	32	27	85	15,9	19,6	16,5	52,1	118	521	541	496	1.558	329	328	298	955	51	Saint-Germain	129
130	Tulle	16.277	10	39	29	78	6,1	23,9	17,7	47,8	126	361	375	351	1.067	308	230	215	694	160	Tulle	130
131	Lisieux	13.464	35	63	35	150	23,2	39,1	21,7	94,1	76	605	555	513	1.686	376	351	318	1.045	6	Lisieux	131
132	Saint-Maur	16.050	13	26	18	57	8,1	16,2	11,2	35,6	156	571	365	390	1.119	342	220	256	695	130	Saint-Maur	132
133	Millau	15.831	77	87	46	403	48,4	23,2	29,0	100,0	33	437	386	379	1.204	274	245	235	752	98	Millau	133
134	Lambézellec (a)	15.664	»	91	221	312	»	54,0	149,0	198,9	»	»	446	689	1.120	»	980	633	713	»	Lambézellec (a)	134
135	Puteaux	13.928	10	52	51	113	6,4	33,3	32,6	73,4	63	391	466	450	1.307	250	298	284	837	52	Puteaux	135
136	Cahors	13.622	37	46	43	126	23,7	29,4	27,5	80,7	48	379	403	396	1.144	243	258	254	755	102	Cahors	136
137	Fougères	15.578	21	57	63	141	13,4	36,5	40,3	90,3	32	473	416	469	1.363	303	251	316	884	31	Fougères	137
138	Courbevoie	15.588	15	49	51	115	9,6	31,0	32,0	74,1	59	398	413	450	1.198	210	266	296	772	80	Courbevoie	138
139	Montceau-les-Mines	15.335	23	101	109	236	15,1	68,4	71,7	153,2	9	310	335	369	1.004	201	219	235	654	156	Montceau-les-Mines	139
140	Auch	15.506	4	12	16	32	2,6	6,8	10,5	21,0	193	374	410	397	1.184	256	279	261	779	79	Auch	140
141	Cognac	15.500	9	17	13	39	5,9	11,1	6,5	23,6	186	274	331	296	894	180	213	191	588	183	Cognac	141
142	Sotteville-l.-Rouen	15.192	44	25	20	89	28,9	16,4	13,1	58,5	87	537	462	490	1.459	353	303	284	953	72	Sotteville-l.-Rouen	142
143	Asnières	14.953	13	38	45	88	8,0	21,0	26,6	58,6	85	362	381	380	1.123	229	260	233	739	100	Asnières	143
144	Issoudun	14.820	18	24	20	62	12,1	16,3	13,5	41,8	140	327	357	279	963	220	241	168	650	102	Issoudun	144
145	Villeneuve-sur-Lot	11.093	21	16	11	51	16,3	12,6	7,6	34,9	161	391	376	341	1.108	265	265	231	753	59	Villeneuve-sur-Lot	145
146	Morlaix	14.671	26	23	40	89	17,6	15,6	27,2	60,5	90	590	609	613	1.862	433	414	417	1.284	2	Morlaix	146
147	Mazamet	14.606	36	5	43	83	23,1	3,4	29,2	55,7	101	311	260	248	808	211	152	168	542	192	Mazamet	147
148	Fourmies	13.653	9	16	29	54	6,1	10,8	19,7	36,7	153	293	285	296	894	240	193	204	614	178	Fourmies	148
149	Aurillac	11.613	8	37	77	122	5,4	25,3	62,7	83,5	44	374	359	469	1.182	246	215	307	892	60	Aurillac	149
150	Halluin	14.596	21	89	109	189	14,3	40,4	74,6	129,4	11	413	367	458	1.324	242	251	313	817	45	Halluin	150
151	Fontainebleau	14.495	12	5	20	37	8,2	3,4	13,7	25,5	188	288	269	360	794	194	170	179	567	193	Fontainebleau	151
152	Autun	11.375	9	50	33	52	6,2	13,8	23,9	43,0	137	308	310	328	501	208	219	227	686	141	Autun	152
153	Bergerac	14.353	9	59	61	129	6,2	41,0	42,3	89,5	34	388	363	351	1.071	251	261	231	723	419	Bergerac	153
154	Saint-Chamond	15.341	22	43	35	100	15,3	29,9	23,4	69,9	72	337	311	328	1.006	235	208	229	701	131	Saint-Chamond	154
155	Compiègne	14.313	10	9	21	49	13,3	6,7	14,0	34,2	163	360	307	327	904	247	207	228	678	131	Compiègne	155
156	Saumur	14.186	0	13	41	60	4,3	9,1	28,8	42,2	139	422	353	364	1.129	297	238	250	802	37	Saumur	156
157	Villeurbanne	14.471	18	13	13	44	12,6	9,1	9,1	31,0	»	217	235	390	839	221	170	186	588	182	Villeurbanne	157
158	Rive-de-Gier	14.129	27	12	14	51	19,1	8,6	9,9	37,6	150	390	314	325	1.033	261	241	230	739	110	Rive-de-Gier	158
159	Sens (a)	14.035	»	13	5	18	»	9,3	3,5	12,8	»	»	317	323	640	»	233	202	438	»	Sens (a)	159
160	Montélimar	14.014	7	20	61	88	4,9	14,2	43,5	62,8	86	538	350	338	1.029	341	250	241	732	113	Montélimar	160
	Totaux	579.422	720	1.184	1.570	3.486						14.290	14.458	14.837	43.513							
	À déduire(4 villes a)	62.873	12	117	253	382						1.002	1.699	1.915	4.607							
	Résultats comparatifs (34 villes)	516.550	718	1.067	1.317	3.102	13,9	20,6	25,5	60,5		13.218	12.766	12.922	38.905	256	247	250	753			

(a) Quimper (125), Thiers (127), Lambézellec (134) et Sens (159).

MORTALITÉ TOTALE PAR MALADIES ÉPIDÉMIQUES (FIÈVRE TYPHOÏDE, VARIOLE, ROUGEOLE, DIPHTÉRIE, SCARLATINE, COQUELUCHE) ET MORTALITÉ GÉNÉRALE (*Suite*).

NUMÉRO D'ORDRE.	VILLES.	POPULATION.	NOMBRE DE DÉCÈS.				PROPORTION POUR 10.000 HABITANTS.				DANS QUELQUE.	NOMBRE DE DÉCÈS.				PROPORTION POUR 10.000 HABITANTS.				DANS QUELQUE.	VILLES.	NUMÉRO D'ORDRE.
			1886.	1887.	1888.	TOTAL.	1886.	1887.	1888.	TOTAL.		1886.	1887.	1888.	TOTAL.	1886.	1887.	1888.	TOTAL.			
161	Firminy	13.962	19	29	25	73	13.5	20.7	17.8	52.1	117	290	273	332	801	213	194	163	571	187	Firminy	161
162	Colombes(a)	13.971	»	43	44	87	»	30.7	30.3	90.0	»	»	364	362	726	»	360	258	516	»	Colombes(a)	162
163	Gentilly	15.913	18	29	21	68	13.7	20.5	17.3	47.9	122	781	775	781	2.349	547	552	571	1.695	1	Gentilly	163
164	Bezons	13.831	23	43	31	97	16.5	30.9	22.3	69.7	74	443	471	377	1.291	331	361	573	935	25	Bezons	164
165	Flers(a)	13.709	0	»	»	»	0.5	»	»	» 6.5	»	367	400	382	1.145	297	291	278	838	»	Flers(a)	165
166	Laon(a)	13.698	»	»	»	»	»	»	»	»	»	471	417	421	1.312	343	395	309	970	»	Laon(a)	166
167	Hyères(a)	13.485	» 2	»	»	» 2	» 1.4	»	»	» 1.4	»	296	»	»	792	218	»	»	» 218	»	Hyères(a)	167
168	Brive	13.485	41	91	20	153	30.5	68.6	51.2	151.4	10	397	365	405	1.196	296	265	302	804	1	Brive	168
169	Dôle	13.420	12	7	22	41	8.9	5.2	17.1	30.5	171	411	345	312	1.068	305	257	232	797	60	Dôle	169
170	Saint-Dizier	13.392	13	10	14	37	9.7	7.4	10.4	27.9	181	457	395	963	1.178	341	267	270	879	35	Saint-Dizier	170
171	Bailleul (a)	13.392	18	11	»	29	13.4	8.2	»	21.6	»	460	368	349	1.383	350	291	260	905	»	Bailleul a).	171
172	La Seyne (b)	13.166	21	177	79	277	15.9	131.4	59.8	210.4	2	322	517	398	1.317	251	414	301	947	29	La Seyne. (b)	172
173	Chaumont	12.952	13	13	13	39	10.0	10.0	10.0	30.2	173	240	213	214	680	186	166	182	531	114	Chaumont.	173
174	Argenteuil	12.909	39	41	14	94	30.4	32.0	11.0	73.4	62	376	347	332	1.096	293	372	392	898	47	Argenteuil.	174
175	Fécamp	12.803	19	65	23	108	14.8	51.5	18.0	80.3	43	376	227	240	943	293	255	186	735	108	Fécamp.	175
176	Chantenay(a)	12.661	»	18	25	» 44	»	11.2	22.3	» 30.9	»	348	392	310	945	276	250	240	781	»	Chantenay(a).	176
177	Melun	12.437	10	10	7	27	8.0	8.0	5.6	21.5	182	368	257	263	788	241	206	210	630	170	Melun.	177
178	Charenton	12.459	14	64	46	104	11.1	35.1	36.7	83.4	45	284	310	236	880	230	247	229	707	120	Charenton.	178
179	Lons-le-Saunier	12.431	17	9	7	43	13.7	7.2	5.4	23.6	186	363	336	3 2	1.002	291	208	251	808	81	Lons-le-Saunier.	179
180	Villefranch	12.306	23	6	12	41	14.5	6.8	9.6	33.0	105	401	381	421	1.359	306	311	310	1.037	5	Villefranche.	180
181	Saint-Servan	12.374	14	78	13	105	11.2	63.9	15.4	81.0	43	399	361	310	1.001	305	291	200	807	63	Saint-Servan.	181
182	Meaux	12.456	24	21	23	69	19.3	16.0	19.3	55.5	103	396	383	336	1.065	319	208	270	808	45	Meaux.	182
183	Commentry	12.538	21	36	27	96	17.0	24.2	30.0	76.4	53	190	217	242	680	154	200	197	553	190	Commentry.	183
184	Tarare	12.031	11	4	9	21	8.0	0.8	7.3	17.0	104	308	261	273	841	292	218	203	663	144	Tarare.	184
185	Saint-Amand	12.100	5	5	83	73	4.1	4.1	50.0	60.3	92	229	246	202	737	199	178	241	609	177	Saint-Amand.	185
186	Bolbec	11.971	24	77	41	142	19.9	61.1	39.1	118.2	10	376	499	329	1.171	313	289	367	975	17	Bolbec.	186
187	Voiron	11.394	7	22	28	57	5.8	18.3	23.3	47.4	128	380	382	390	882	231	236	207	737	167	Voiron.	187
188	Rodez	11.920	49	13	22	85	41.1	10.9	18.4	70.5	08	402	411	390	1.172	337	345	301	983	14	Rodez.	188
189	Beaune	11.898	22	16	3	41	18.4	13.4	2.3	34.6	162	321	318	379	918	269	267	231	771	81	Beaune.	189
190	Issy	11.802	22	27	23	72	18.4	22.6	19.3	60.5	89	391	410	382	1.183	333	361	321	991	13	Issy.	190
191	Pleumeur	11.866	19	10	125	291	56.7	89.8	109.3	258.1	1	328	275	2 9	892	277	203	234	730	97	Pleumeur.	191
192	Soissons	11.780	10	5	9	23	8.4	4.0	7.6	20.1	1.2	321	2.7.	270	864	272	230	233	742	112	Soissons.	192
193	La Roche-sur-Yon	11.775	29	28	18	75	25.5	23.7	15.2	63.5	86	223	293	309	936	274	258	261	785	75	La-Roche-sur-Yon.	193
194	Annecy	11.719	10	12	12	36	8.5	10 2	10.2	29.0	177	264	265	259	800	217	250	217	683	158	Annecy.	194
195	Pont-à-Mousson	11.696	16	6	3	25	13.6	5.1	2.5	21.3	190	301	212	253	790	261	216	216	692	146	Pont-à-Mousson.	195
196	Lens	11.643	34	39	20	93	29.3	33.6	17.2	80.1	49	286	217	222	715	256	187	182	616	171	Lens.	196
197	Granville	11.059	18	21	50	80	15.5	18.1	43.1	76.7	59	278	253	304	825	239	210	262	711	127	Granville.	197
	Totaux. À déduire (6 villes a)	457.422 50.800	601 29	1.155 72	954 67	2.800 168						12.765 1.050	12.405 1.833	11.853 1.867	37.024 5.750							
	Résultats comparatifs (31 villes)	396.560	602	1.083	887	2.632	17.1	26.0	22.9	66.0		50.815	10.473	9.986	31.275	279	270	256	809			

(a) Colombes (162), Flers (165), Laon (166), Hyères (167), Bailleul (171) et Chantenay (176).

(b) La Seyne, près Toulon, est le siège de l'hôpital maritime de Saint-Mandrier.

MORTALITÉ TOTALE PAR MALADIES ÉPIDÉMIQUES (FIÈVRE TYPHOÏDE, VARIOLE,

ROUGEOLE, DIPHTÉRIE, SCARLATINE, COQUELUCHE) ET MORTALITÉ GÉNÉRALE (*Suite*).

NUMÉROS D'ORDRE.	VILLES.	POPULA-TION.	MORTALITÉ TOTALE PAR MALADIES ÉPIDÉMIQUES.								RANG occupé.	MORTALITÉ GÉNÉRALE.								RANG occupé.	VILLES.	NUMÉROS D'ORDRE.
			NOMBRE DE DÉCÈS.				PROPORTION POUR 10.000 HABITANTS.					NOMBRE DE DÉCÈS.				PROPORTION POUR 10.000 HABITANTS.						
			1886.	1887.	1888.	TOTAL.	1886.	1887.	1888.	TOTALE.		1886.	1887.	1888.	TOTAL.	1886.	1887.	1888.	TOTALE.			
198	Gap	11.542	40	67	58	205	34,7	58,2	85,2	178,1	4	207	252	290	819	266	219	252	738	103	Gap.	198
199	Grasse	11.327	8	29	11	48	6,9	25,2	9,5	41,7	141	280	303	295	936	247	298	250	805	75	Grasse.	199
200	La Grand-Combe	11.261	4	23	35	81	3,5	19,5	48,0	71,6	61	380	423	415	1.118	318	371	367	1.060	4	La Grand-Combe.	200
201	Langres	11.141	4	4	24	32	3,6	3,6	21,6	28,8	176	278	175	227	680	199	157	216	612	136	Langres.	201
202	Camdebec	11.038	13	28	20	61	11,8	25,9	18,1	55,4	107	283	271	275	811	290	247	260	755	66	Camdebec.	202
203	Montargis	11.008	6	15	13	31	5,4	13,6	11,8	30,9	172	278	241	248	715	222	191	203	650	101	Montargis.	203
204	Douarnenez (a)	10.923	»	163	417	580	»	150,0	381,7	531,0	»	372	345	306	1.052	341	320	283	948	»	Douarnenez (a).	204
205	Mayenne(a)	10.545	»	»	»	»	»	»	»	»	»	237	231	220	698	220	213	203	637	185	Mayenne (a).	205
206	Béthune	10.789	21	17	10	58	19,4	15,7	9,3	44,4	135	274	203	210	699	253	190	194	637	185	Béthune.	206
207	Hazebrouck	10.733	21	17	22	60	19,4	15,7	20,3	55,5	105	308	250	282	829	287	213	241	774	»	Hazebrouck.	207
208	Sables-d'Olonne (a)	10.751	»	»	»	»	»	»	»	»	»	224	213	457	218	199	427	»	Sables-d'Olonne (a).	208
209	Liévin (a)	10.713	»	53	22	77	»	51,4	20,5	72,0	»	307	290	527	349	342	492	»	Liévin (a).	209
210	La Ciotat (a)	10.680	»	12	19	31	»	11,3	17,7	29,0	»	331	401	259	994	312	371	251	998	37	La Ciotat (a).	210
211	Bessèges	10.604	22	67	6	78	20,5	44,0	5,8	70,0	71	281	187	215	643	266	176	202	625	171	Bessèges.	211
212	Givors	10.619	13	10	11	39	12,2	9,4	10,4	33,0	168	315	301	272	888	297	283	256	836	54	Givors.	212
213	Saint-Malo	10.641	10	37	7	51	9,4	34,6	6,6	50,0	122	276	292	294	820	260	281	276	782	75	Saint-Malo.	213
214	Louviers	10.582	3	18	7	24	2,8	17,0	6,6	26,4	185	325	292	319	933	305	273	301	880	34	Louviers.	214
215	Saint-Lô	10.583	30	20	32	94	36,7	18,9	31,1	86,7	37	»	201	195	398	»	191	181	370	»	Saint-Lô.	215
216	Vierzon-ville (a)	10.514	»	41	30	74	»	41,0	28,5	70,4	»	»	299	292	591	»	281	278	569	»	Vierzon-ville (a).	216
217	Saint-Mandé (a)	10.492	»	20	18	68	»	17,6	17,1	66,7	»	228	238	249	705	217	217	237	671	152	Saint-Mandé (a).	217
218	Toul	10.485	5	»	10	32	4,7	6,5	15,2	28,5	179	337	238	296	869	300	229	281	827	»	Toul.	218
219	Vitré (a)	10.417	15	»	»	15	14,2	»	»	14,2	»	239	193	198	620	230	185	190	996	181	Vitré (a).	219
220	Anzin	10.392	14	7	7	74	13,4	6,7	6,7	37,0	182	256	223	219	698	248	216	212	677	186	Anzin.	220
221	Pamiers	10.390	10	49	25	81	9,7	44,0	24,2	78,6	50	»	236	267	503	»	230	256	488	»	Pamiers.	221
222	Vichy (a)	10.361	»	17	9	26	»	16,5	8,7	25,3	»	230	257	250	713	221	250	268	721	121	Vichy (a).	222
223	Dax	10.327	10	17	63	90	9,7	16,5	61,1	87,3	36	211	281	211	683	201	253	201	651	153	Dax.	223
224	Orange	10.286	7	25	19	50	6,8	23,3	19,0	48,3	124	313	208	187	610	216	203	182	599	180	Orange.	224
225	Fontenay-le-Comte	10.105	15	21	10	48	14,7	23,5	9,8	47,0	129	»	296	590	496	»	253	272	484	»	Fontenay-le-Comte.	225
226	Montrouge (a)	10.147	»	22	15	37	»	21,7	14,8	36,0	»	»	309	310	608	»	288	315	601	»	Montrouge (a).	226
227	Petit-Quévilly (a)	10.175	»	20	18	38	»	19,8	17,8	37,6	»	363	316	308	989	359	314	301	979	13	Petit-Quévilly (a).	227
228	Dinan	10.105	12	20	34	75	11,8	22,7	33,6	74,3	58	275	269	268	812	274	268	267	809	59	Dinan.	228
229	Riom	10.030	11	27	31	69	10,9	26,9	30,9	68,7	75										Riom.	229
	TOTAUX	360.371	303	895	1.070	2.268						6.838	8.464	8.605	23.907							
	A déduire (11 villes)	115.500	15	383	548	946						1.017	3.917	3.230	7.164							
	Résultats comparatifs (218 villes)	224.875	288	512	522	1.322	12,8	22,8	23,2	58,9		5.821	5.549	5.375	16.748	259	247	250	760			

(a) Douarnenez (204), Mayenne (205), Sables-d'Olonne (208), Liévin (209), La Ciotat (210), Vierzon-ville (216).

Saint-Mandé (217), Vitré (219), Vichy (222), Montrouge (226) et Petit-Quévilly (227).

MORTALITÉ TOTALE PAR MALADIES ÉPIDÉMIQUES
(FIÈVRE TYPHOÏDE, VARIOLE, ROUGEOLE, DIPHTÉRIE, SCARLATINE ET COQUELUCHE).

RÉCAPITULATIONS.

NOMBRE TOTAL DES DÉCÈS RELEVÉS POUR L'ENSEMBLE DES VILLES.

GROUPES DE VILLES.	1886.	1887.	1888.	TOTAL.
1er Groupe	13.747	15.171	12.438	41.356
2e —	2.072	3.048	2.993	8.113
3e —	1.291	1.951	1.582	4.824
4e —	730	1.184	1.570	3.484
5e —	691	1.155	954	2.800
6e —	303	895	1.070	2.268
TOTAUX......	18.834	23.404	20.607	62.845

RÉSULTATS COMPARATIFS ET PROPORTIONNELS
POUR 195 VILLES.

GROUPES.	NOMBRE de villes.	POPULATION.	NOMBRE DE DÉCÈS.				PROPORTION POUR 10.000 HABITANTS.			
			1886.	1887.	1888.	TOTAL.	1886.	1887.	1888.	TOTALE.
1er Groupe	38	5.768.888	13.690	15.025	12 324	41.039	23,7	25,9	21,3	70,9
2e —	30	868.590	1.949	2.404	2.588	6.941	22,2	27,6	29,8	79,8
3e —	41	810.688	1.207	1.923	1.582	4.712	14,9	23,7	19,5	58,1
4e —	34	513.559	718	1.067	1.317	3.102	13,9	20,6	25,5	60,5
5e —	31	396.566	662	1.083	887	2.632	17,1	28,0	22,9	68,0
6e —	21	224.285	288	512	522	1.322	12,8	22,8	23,2	58,9
TOTAUX...	195	8.575.576	18.514	22.014	19.220	59.748	21,5	25,6	22,4	69,6

MORTALITÉ GÉNÉRALE.

RÉCAPITULATIONS.

NOMBRE TOTAL DES DÉCÈS RELEVÉS POUR L'ENSEMBLE DES VILLES.

GROUPES DE VILLES.	1886.	1887.	1888.	TOTAL.
1er groupe	156.138	148.627	145.450	450.215
2e —	27.154	26.278	26.400	79.832
3e —	22.659	21.160	21.543	65.362
4e —	14.223	14.453	14.837	43.513
5e —	12.765	12.403	11.853	37.024
6e —	6.838	8.466	8.603	23.907
TOTAUX.........	239.774	231.393	228.686	699.853

RÉSULTATS COMPARATIFS ET PROPORTIONNELS
POUR 195 VILLES.

GROUPES.	NOMBRE de villes.	POPULATION.	NOMBRE DE DÉCÈS.				PROPORTION. POUR 10.000 HABITANTS.			
			1886.	1887.	1888.	TOTAL.	1886.	1887.	1888.	TOTALE.
1er groupe	38	5.763.888	152.593	145.489	142.212	440.294	264	252	240	763
2e —	30	868.590	18.776	18.626	19.075	56.477	216	214	219	650
3e —	41	810.688	20.193	20.018	19.930	60.141	249	246	246	741
4e —	34	516.559	13.218	12.766	12.922	38.906	255	247	250	743
5e —	31	386.566	10.815	10.473	9.986	31.274	279	270	258	809
6e —	21	224.285	5.821	5.549	5.373	16.743	259	247	240	746
TOTAUX...	195	8.575.576	221.416	212.921	209.498	643.835	258,2	248,3	244,3	750,8

VIII.

RÉCAPITULATIONS GÉNÉRALES.

MORTALITÉ PAR MALADIES ÉPIDÉMIQUES ET MORTALITÉ GÉNÉRALE.

RÉCAPITULATIONS GÉNÉRALES.

NOMBRE TOTAL DES DÉCÈS RELEVÉS POUR L'ENSEMBLE DES VILLES.

CAUSES DES DÉCÈS.	1886.	1887.	1888.	TOTAL.
Fièvre typhoïde..........................	4.731	6.203	5.006	15.940
Variole	3.350	2.826	3.644	9.820
Rougeole	3.093	5.993	3.619	12.705
Diphtérie	5.058	5.947	6.018	17.023
Scarlatine..............................	866	881	864	2.617
Coqueluche.............................	1.736	1.554	1.456	4.746
Total.......	18.834	23.404	20.607	62.845
Mortalité générale.....................	239.774	231.393	228.683	699.853

RÉSULTATS COMPARATIFS ET PROPORTIONNELS POUR 195 VILLES
REPRÉSENTANT UNE POPULATION TOTALE DE 8.575.576 HABITANTS.

CAUSES DES DÉCÈS.	NOMBRE DES DÉCÈS.				PROPORTION POUR 10.000 HABITANTS.			
	1883.	1887.	1888.	TOTAL.	1886.	1887.	1888.	TOTAL.
Fièvre typhoïde...........	4.682	5.879	4.720	15.281	5,4	6,8	5,5	17,8
Variole	3.284	2.603	2.901	8.788	3,8	3,0	3,4	10,2
Rougeole...............	3.030	5.517	3.519	12.096	3,5	6,3	4,1	14,0
Diphtérie	4.928	5.678	5.821	16.427	5,7	6,5	6,8	19,0
Scarlatine...............	844	842	833	2.519	0,9	0,9	0,9	2,9
Coqueluche.............	1.713	1.495	1.426	4.637	2,0	1,7	1,6	5,4
Total.......	18.514	22.014	19.220	59.748	21,5	25,5	22,4	69,5
Mortalité générale.........	221.416	212.921	209.498	643.835	258,2	248,3	244,3	750,8

MORTALITÉ PAR MALADIES ÉPIDÉMIQUES

ET MORTALITÉ GÉNÉRALE

DANS LES VILLES DE FRANCE DE PLUS DE 10.000 HABITANTS.

RELEVÉ GÉNÉRAL

DE LA MORTALITÉ PROPORTIONNELLE

POUR L'ENSEMBLE DES TROIS ANNÉES 1886, 1887 ET 1888.

(Les chiffres de population figurent aux pages 44 et suivantes.)

L'*asterisque* correspond comme dans les précédents tableaux aux villes (*a*) n'ayant fourni que des bulletins statistiques nuls ou incomplets.

Ces villes sont au nombre de 34 énumérées dans le tableau annexe, page 71.

NUMÉROS D'ORDRE.	VILLES.	MORTALITÉ PAR MALADIES ÉPIDÉMIQUES.							MORTALITÉ
		FIÈVRE typhoïde	VARIOLE.	ROU-GEOLE.	DIPH-TÉRIE.	SCAR-LATINE.	COQUE-LUCHE.	TOTAL.	GÉNÉRALE.
1	Paris.................	13,6	3,7	13,6	21,3	3,6	5,5	64,5	704
2	Lyon.................	8,9	1,8	9,8	12,0	3,2	2,9	38,8	632
3	Marseille.............	33,0	59,2	19,5	41,8	1,3	4,5	159,4	929
4	Bordeaux	21,4	1,9	12,6	14,6	1,3	6,1	58,2	741
5	Lille	5,1	5,4	31.4	11,9	1,8	14,0	69,9	794
6	Toulouse..............	30,6	16,8	8,6	12,2	1,0	1,5	70,5	785
7	Nantes...............	14,9	2,3	5,1	18,0	1,7	2,3	44,4	718
8	Saint-Etienne	8,1	0,4	15,6	26,0	5,5	2,7	58,7	725
9	Le Havre	79,0	19,6	6,9	17,6	2,1	6,1	122,4	974
10	Rouen................	24,2	8,0	9,3	16.2	1,9	1,7	61,6	1.038
11	Roubaix	8,0	0,3	8,2	16,2	5,0	13,3	51,5	709
12	Reims................	12,2	17,3	29,7	22,9	5,7	8,9	97,0	868
13	Amiens...............	11,9	16,3	12,3	24,0	6,9	5,2	77,0	763
14	Nancy................	15,8	0,5	11,1	6,8	1,8	2,9	39,1	715
15	Nice	23,5	33,9	20,9	36,2	2,2	3,7	119,0	918
16	Angers(a)............	4,3	13,2	2,4	9,1	0,6	8,2	30,8	826
17	Brest.................	29,2	64,6	10,8	18,2	2,5	2,9	128,3	1.037
18	Nîmes	22,7	3,8	8.8	8,1	0,8	3,4	47,7	778
19	Toulon	16,9	21,9	11,6	33,9	1,5	2,8	88,9	879
20	Limoges	9,5	0,3	25,3	12,2	3,6	9,0	61,2	734
21	Rennes	15,1	12,4	10,4	16,1	1,8	3,3	59,1	913
22	Dijon	11,3	1,9	4,8	9,3	3,8	1,6	32,9	694
23	Orléans..............	7,2	0,3	4,1	9,5	2,4	1,8	25,6	731
24	Tours	23,9	15,3	21,4	7,9	1,1	2,1	72,1	729
25	Calais	10,9	37,6	23,6	14,8	0,8	6,2	94,2	729
26	Le Mans..............	15,3	2,9	2,2	22,1	0,3	1,9	44,7	821
27	Tourcoing	9,6	0,1	5,9	8,4	2,7	9,8	36,8	689
28	Montpellier	35,4	20,2	24,6	26,1	1,4	0,5	108,2	969
29	Besançon	29,8	4,7	17,5	7,4	10,6	3,5	73,8	763
30	Grenoble	10,9	13,1	5,8	52,3	1,9	1,3	85,6	764
31	Versailles	13,4	3,8	5,2	18,0	2,8	3,6	46,8	757
32	Saint-Quentin	5,3	–	13,9	7,0	4,4	24,8	55,7	702
33	Saint-Denis	14,5	19,2	15,8	20,5	4,6	10,6	85,4	999
34	Clermont-Ferrand	22,1	12,2	8,3	4,5	2,3	3,2	52,9	716
35	Troyes	26,5	2,7	7,9	13,6	.	4,3	55,2	874
36	Boulogne-sur-mer	9,0	–	21,9	16,1	0,8	9,9	57,9	723
37	Caen(a)	8,1	7,2	3,3	1,1	0,2	6,7	20,8	881
38	Béziers	32,7	23,5	18,6	19,3	3,0	9,8	107,1	803
39	Bourges	15,0	12,3	11,4	6,5	8,4	6,7	58,6	568
40	Avignon..............	23,6	32,0	11,2	2,9	0,7	5,3	75,8	848

MORTALITÉ GÉNÉRALE DANS LES VILLES DE FRANCE, DE 1886 A 1888.

PROPORTIONNELLE, POUR 10.000 HABITANTS.

NUMÉROS D'ORDRE.	VILLES.	MORTALITÉ PAR MALADIES ÉPIDÉMIQUES.							MORTALITÉ GÉNÉRALE.
		FIÈVRE typhoïde	VARIOLE.	ROU- GEOLE.	DIPH- TÉRIE.	SCAR LATINE.	COQUE- LUCHE.	TOTAL.	
41	Lorient	50,7	38,8	24,7	33,3	2,5	9,3	159,5	878
42	Dunkerque...............	8,1	2,8	6,5	17,2	4,4	25,3	64,6	785
43	Cherbourg (a)............	39,1	0,2	27,8	4,8	1,3	1,3	74,8	832
44	Cette....	35,2	72,9	57,7	29,5	0,5	3,5	199,3	863
45	Poitiers (a)	0,5	3,5	19,5	2,7	1,6	»	27,9	693
46	Levallois-Perret..........	19,9	3,1	24,6	38,5	2,5	5,7	94,7	819
47	Angoulême	64,2	1,1	14,5	8,7	3,7	0,5	92,9	688
48	Perpignan	25,4	42.1	8,1	21,3	3,2	4,6	104,8	839
49	Rochefort......	22,7	8,3	42,3	16,6	1,2	1,5	92,8	789
50	Laval	13,5	9,9	7,9	9,6	0,6	-	41,7	860
51	Pau....................	12,2	0,3	12.2	10,5	2,3	0,3	38,0	700
52	Douai	12,8	10.1	7,7	9,4	4,0	11,4	55,7	614
53	Montauban..............	24,4	0,6	2,7	6,8	0,3	1,0	36,0	771
54	Boulogne-sur-Seine	13,9	1,7	26,8	12,9	4,4	4,4	64,2	834
55	Roanne.................	4,8	19,1	5,1	7,8	6,1	2,7	45,8	761
56	Périgueux	14,4	4,4	19,0	20,9	0,6	11,0	70,4	769
57	Aix....................	20,9	8,5	3,4	22,6	-	8,2	64,1	770
58	Narbonne (a).....:.......	22,8	25,3	28,8	12,0	1,4	»	90,4	740
59	Armentières.............	32,8	1,4	12,1	27,8	7,1	29,6	111,0	907
60	Valenciennes (a)..........	6,2	9,8	1,8	15,0	0,7	4,0	37,6	698
61	Castres	52,0	17,5	33,6	22,3	10,6	25,6	161,8	684
62	Montluçon (a)............	8.1	14,0	1,4	17,7	0,3	0,3	42,2	204
63	Le Creusot..............	8,2	37,6	29,4	20,1	1,8	2,6	99,9	587
64	Bayonne................	13,1	2,9	17,2	7,1	0,7	7,1	48,4	645
65	Arras	8,3	6,0	15,0	3,7	4,1	1,8	39,2	659
66	Carcassonne	13,6	9.0	29,5	8,7	3,7	1,5	66,3	857
67	Neuilly	11,1	1,5	5,7	6,1	3,0	7,7	35,3	655
68	Clichy	12,3	3,8	38,8	42,6	4,6	16,5	118,7	896
69	Vienne	14,5	3,5	11,0	23,6	1,9	0,7	55,5	699
70	Nevers	14,1	29,8	13,3	13,3	3,2	2,0	75,8	731
71	Valence	18,2	0,4	11,3	15,3	2,4	2,4	50,2	771
72	Tarbes (a)...............	24,4	»	38,3	28,5	0,8	3,2	95,5	698
73	Saint-Nazaire	14,8	35,3	0,4	23,0	1,6	6,5	81,8	757
74	La Rochelle (a)	8,3	»	22,4	3,7	0,4	»	34,7	729
75	Châlons-sur-Marne	6,3	2,5	7,1	8,0	2,5	0,4	26,9	739
66	Cambrai	7,2	1,7	14,0	8,9	1,7	0,4	33,8	576
77	Arles	33,1	4,2	14,4	18,7	1,7	3,4	75,7	860

MORTALITÉ PAR MALADIES ÉPIDÉMIQUES ET
RELEVÉ GÉNÉRAL DE LA MORTALITÉ

NUMÉROS D'ORDRE.	VILLES.	MORTALITÉ PAR MALADIES ÉPIDÉMIQUES.							MORTALITÉ GÉNÉRALE.
		FIÈVRE typhoïde	VARIOLE	ROU- GEOLE.	DIPH- TÉRIE.	SCAR- LATINE.	COQUE- LUCHE.	TOTAL.	
78	Chalon-sur-Saône.........	7,4	0,4	15,3	3,9	3,5	–	30, 7	748
79	Dieppe	11,8	1,3	8,3	30,2	1,7	1,7	53, 2	996
80	Alais....................	16,8	2,2	6,2	3,5	0,4	2,6	32,0	798
81	Niort....................	46,2	–	7,5	13,7	0,4	0,4	68,4	835
82	Agen....................	20,8	0,9	10,4	3,1	0,4	1,3	37,1	807
83	Châteauroux.............	16,3	2,7	12,2	5,9	0,9	7,2	45,4	647
84	Belfort..................	10,0	7,7	3,2	8,2	0,9	2,2	32,8	551
85	Chartres (a).............	»	»	»	»	»	»	»	* 545
86	Aubervilliers	20,2	15,0	10,5	20,5	3,6	6,8	85,8	875
87	Blois	13,3	–	2,7	11,0	0,9	1,8	29,8	780
88	Moulins (a)..............	* 2,7	»	* 0,4	* 8,7	* 5,9	* 3,2	* 21,1	* 282
89	Vincennes...............	9,2	2,7	14,2	19,8	2,3	6,9	55,2	664
90	Elbeuf......., ...	13,4	2,3	1,3	17,5	–	0,9	35,6	873
91	Albi....................	20,2	12,7	7,5	28,3	–	12,7	81,6	719
92	Saint-Omer..............	2,8	–	20,2	17,9	0,9	12,2	54,5	740
93	Montreuil-sous-Bois........	9,9	2,3	13,2	32,2	1,4	8,0	67,2	795
94	Saint-Ouen.......'.......	24,5	3,3	20,6	29,3	3,3	10,0	91,3	837
95	Chambéry (a)............	* 10,5	»	* 8,6	* 8,1	* 1,4	* 2,8	* 31,7	734
96	Ivry....................	14,9	2,8	14,4	19,2	2,4	6,7	60,5	1.220
97	Lunéville	35,9	0,9	7,7	13,5	4,8	7,7	70,8	667
98	Épinal..................	9,8	0,4	7,8	20,0	11,7	3,4	53,4	605
99	Bastia	29,5	38,9	34,4	54,6	4,9	6,9	169,4	1.010
100	Vannes.................	30,5	5,5	10,5	7,5	–	9,5	63,4	702
101	Mâcon..................	15,2	–	21,3	7,6	2,5	6,0	52,7	721
102	Abbeville	10,1	2,0	9,6	37,5	7,1	8,1	74,6	761
103	Saint-Brieuc.............	34,8	21,8	19,7	21,3	1,0	3,6	102,5	1.005
104	Cannes	12,4	4,6	9,9	5,7	0,5	2,0	35,4	808
105	Pantin..................	10,4	22,3	10,4	41,1	3,6	14,5	102,5	761
106	Sedan..................	7,3	6,8	15,7	16,8	3,6	4,7	55,2	660
107	Le Puy.................	12,6	4,2	0,5	36,0	17,4	1,5	72,4	946
108	Bar-le-Duc..............	10,3	–	4,3	8,7	3,8	4,3	31,5	637
109	Beauvais................	15,8	13,6	1,6	2,1	6,0	0,5	39,8	757
110	Bourg	7,8	–	1,6	8,9	0,5	2,2	21,2	977
111	Denain	12,3	–	2,8	12,3	–	7,8	35,3	562
112	Maubeuge...............	9,6	6,8	1,7	6,2	–	3,4	27,8	515
113	Alençon	14,2	1,1	6,8	13,0	–	3,9	39,4	842
114	Ajaccio.................	29,7	5,1	14,8	30,8	4,0	5,7	90,2	744
115	Verdun,................	39,4	2,2	16,0	22,2	5,7	0,5	86,2	623
116	Auxerre (a).............	»	»	»	»	»	»	»	»
117	Châtellerault	20,6	13,7	7,4	4,0	5,1	1,7	52,8	675
118	Saintes.................	12,7	–	13,3	5,2	4,6	4,6	40,4	575
119	Épernay................	17,9	0,5	5,7	28,3	1,1	4,0	57,8	632
120	Wattrelos..............	5,8	–	3,4	18,0	1,1	14,5	43,0	687
121	Évreux.................	21,7	14,7	3,5	3,5	0,5	0,5	44,7	760
122	Saint-Dié...............	12,9	–	9,9	20,5	3,5	4,7	51,7	675

MORTALITÉ GÉNÉRALE DANS LES VILLES DE FRANCE, DE 1886 A 1888.
PROPORTIONNELLE, POUR 10.000 HABITANTS.

NUMÉROS D'ORDRE.	VILLES.	MORTALITÉ PAR MALADIES ÉPIDÉMIQUES.							MORTALITÉ
		FIÈVRE typhoïde	VARIOLE.	ROU-GEOLE.	DIPH-TÉRIE.	SCAR-LATINE.	COQUÉ-LUCHE.	TOTAL.	GÉNÉRALE.
123	Annonay..............	25,4	0,5	10,0	25,4	1,7	10,6	74,0	885
124	Cholet...............	12,4	19,0	2,3	29,1	3,5	0,5	67,2	683
125	Quimper (a)...........	»	16,1	»	»	»	»	16,1	1.000
126	Charleville...........	5,3	0,5	12,5	15,0	4,8	1,2	36,5	601
127	Thiers (a)............	1,8	3,0	0,6	7,3	4,8	0,6	15,2	742
128	Libourne.............	8,5	–	–	3,6	1,2	0,6	14,0	634
129	Saint-Germain........	14,7	3,0	4,2	21,4	5,5	3,0	52,1	955
130	Tulle................	21,4	–	11,6	9,2	1,8	3,6	47,8	654
131	Lisieux..............	24,1	1,8	18,0	43,4	3,7	1,8	93,1	1.045
132	Saint-Maur...........	8,1	1,8	6,2	16,1	–	3,1	35,6	695
133	Millau...............	39,0	1,2	33,3	22,6	–	4,4	100,0	755
134	Lambézellec (a).......	25,4	137,8	23,5	10,1	0,6	1,2	198,9	713
135	Puteaux.............	26,9	5,1	7,6	23,7	3,8	5,1	72,4	837
136	Cahors..............	44,8	7,0	14,1	10,8	0,6	3,2	80,7	735
137	Fougères.............	2,5	69,8	3,2	14,1	0,6	–	90,3	886
138	Courbevoie...........	26,4	–	9,6	33,5	1,9	2,5	74,1	772
139	Montceau-les-Mines....	23,0	91,4	1,3	38,1	0,6	0,6	155,2	660
140	Auch................	12,4	0,6	1,3	3,9	–	2,6	21,0	776
141	Cognac..............	11,8	–	1,9	5,9	3,9	1,9	25,6	588
142	Sotteville-lès-Rouen....	30,2	1,9	10,5	10,5	–	5,2	58,5	953
143	Asnières............	14,0	0,6	4,6	34,6	4,0	0,6	58,6	748
144	Issoudun............	16,2	–	2,7	17,5	1,3	4,0	41,8	650
145	Villeneuve-sur-Lot.....	27,8	0,6	0,6	4,7	–	0,6	34,6	753
146	Morlaix.............	6,8	4,0	12,2	26,5	0,6	10,2	60,5	1.266
147	Mazamet............	16,3	1,3	19,7	4,0	–	14,2	55,7	549
148	Fourmies............	4,0	–	6,1	18,3	5,4	2,7	36,7	614
149	Aurillac.............	12,3	47,2	15,0	2,0	3,4	3,4	83,5	809
150	Halluin.............	15,7	–	39,0	51,3	3,4	19,8	129,4	847
151	Fontainebleau........	8,2	2,0	3,4	7,5	2,7	1,3	25,5	547
152	Autun...............	7,6	0,6	9,7	22,2	1,3	1,3	43,0	686
153	Bergerac............	59,0	0,6	16,0	8,3	2,0	3,4	89,5	724
154	Saint-Chamond.......	8,3	0,6	5,5	47,5	3,5	4,1	69,9	703
155	Compiègne...........	25,1	–	4,8	2,8	1,4	–	34,2	674
156	Saumur.............	9,8	21,8	4,9	4,2	–	1,4	42,2	802
157	Villeurbanne.........	6,3	–	12,0	9,8	2,1	0,7	31,0	588
158	Rive-de-Gier.........	4,2	0,7	–	17,0	2,1	13,4	37,5	734
159	Sens (a).............	2,8	»	5,0	4,2	»	0,7	12,8	428
160	Montélimar..........	9,2	39,2	2,8	3,5	2,1	5,7	62,8	732

MORTALITÉ PAR MALADIES ÉPIDÉMIQUES.

NUMÉROS D'ORDRE.	VILLES.	MORTALITÉ PAR MALADIES ÉPIDÉMIQUES.							MORTALITÉ
		FIÈVRE typhoïde	VARIOLE.	ROU-GEOLE.	DIPH-TÉRIE.	SCAR-LATINE.	COQUE-LUCHE.	TOTAL.	GÉNÉRALE.
161	Firminy	7,8	0,7	9,2	17,1	6,4	10,7	52,1	574
162	Colombes (a).	10,7	9,2	5,7	27,1	5,0	2,1	60,0	518
163	Gentilly.	5,0	2,8	13,6	10,7	2,1	14,3	48,9	1.645
164	Romans.	10,8	19,5	20,2	13,7	3,6	2,1	69,7	935
165	Flers (a).	1,4	2,9	»	2,1	»	»	6,5	838
166	Laon (a).	»	»	»	»	»	»	»	979
167	Hyères (a).	»	»	1,4	»	»	»	1,4	218
168	Brive.	60,4	4,4	28,3	28,3	5,9	23,8	151,4	894
169	Dôle	11,1	7,4	7,4	1,4	2,2	0,7	3,5	797
170	Saint-Dizier	5,2	9,7	2,0	5,2	3,7	0,7	27,6	879
171	Bailleul (a)	3,7	0,7	3,7	3,7	5,2	4,4	21,6	935
172	La Seyne (b).	157,8	2,2	9,9	35,1	0,7	4,5	210,4	967
173	Chaumont.	8,5	2,3	7,4	9,3	1,5	0,7	30,2	541
174	Argenteuil	21,0	5,4	11,7	24,2	3,1	7,8	73,4	848
175	Fécamp	6,2	–	11,0	62,4	»	4,6	84,3	735
176	Chantenay (a).	7,1	7,0	»	12,6	0,7	6,3	34,9	781
177	Melun. , ...	8,0	0,8	3,2	4,8	1,6	3,2	21,5	630
178	Charenton	24,7	6,4	20,7	26,3	3,2	1,6	83,1	707
179	Lons-le-Saunier.	4,8	–	11,2	1,6	4,0	4,8	26,6	808
180	Villefranche	7,2	2,4	9,6	13,7	–	–	33,0	1.047
181	Saint-Servan	16,1	–	46,0	16,1	1,6	4,8	84,6	807
182	Meaux.	11,2	4,0	12,0	21,7	4,0	2,4	55,6	858
183	Commentry	9,7	6,5	7,3	47,1	4,0	1,6	76,4	680
184	Tarare	6,5	–	3,2	4,0	1,6	1,6	17,0	683
185	Saint-Amand.	6,6	41,3	1,6	3,3	–	7,4	60,3	600
186	Bolbec.	65,8	32,4	0,8	17,4	0,8	0,8	118,2	975
187	Voiron	16,6	0,8	–	29,1	..	0,8	47,4	737
188	Rodez	37,0	–	11,7	16,0	3,3	2,5	70,5	934
189	Beaune	5,8	1,6	6,7	16,8	–	3,3	34,4	771
190	Issy.	12,6	2,5	11,7	25,2	4,2	4,2	60,5	904
191	Plœmeur	65,2	62,7	0,8	106,3	6,7	4,2	246,1	755
192	Soissons	12,7	–	1,7	4,2	2,5	–	21,1	732
193	La Roche-sur-Yon	27,1	–	17,7	13,5	..	5,0	63,5	784
194	Annecy.	9,4	–	4,2	6,8	0,8	7,6	29,0	683
195	Pont-à-Mousson	7,6	–	12,8	0,8	–	–	21,3	682
196	Lens	18,1	24,1	3,4	28,4	3,4	2,5	80,1	616
197	Granville.	15,5	10,3	4,3	40,5	1,7	4,3	76,7	711

(b) Siège de l'hôpital maritime de Saint-Mandrier, près Toulon.

MORTALITÉ GÉNÉRALE DANS LES VILLES DE FRANCE, DE 1886 A 1888.
PROPORTIONNELLE, POUR 10.000 HABITANTS.

NUMÉROS D'ORDRE.	VILLES.	MORTALITÉ PAR MALADIES ÉPIDÉMIQUES.							MORTALITÉ
		FIÈVRE typhoïde	VARIOLE.	ROU-GEOLE.	DIPH-TÉRIE.	SCAR-LATINE.	COQUE-LUCHE.	TOTAL.	GÉNÉRALE.
198	Gap...................	34,7	6,9	27,8	58,2	16,5	34,0	178,1	738
199	Grasse................	11,3	0,8	18,2	11,3	–	–	41,7	805
200	La Grand-Combe	2,6	61,0	4,4	2,6	–	0,8	71,6	1.060
201	Langres..............	10,8	–	1,8	5,4	10,8	–	28,8	612
202	Caudebec	36,3	0,9	1,8	15,4	–	0,9	55,4	755
203	Montargis	5,4	0,9	2,7	19,0	2,7	–	30,9	650
204	Douarnenez (a)	• 38,5	• 383,3	29,3	• 58,7	• 5,5	• 12,8	• 531,0	• 801
205	Mayenne (a)...........	»	»	»	»	»	»	»	948
206	Béthune	12,0	–	6,4	17,5	1,8	6,4	44,4	637
207	Hazebrouck	13,8	–	5,5	20,3	3,7	12,0	55,5	637
208	Sables-d'Olonne (a).........	»	»	»	»	»	»	»	774
209	Liévin (a)	• 5,6	• 35,5	• 8,4	• 14,0	»	• 8,4	• 72,0	• 427
210	La Ciotat (a)............	• 11,2	• 4,6	• 3,7	• 8,4	• 0,9	»	• 29,0	• 492
211	Bessèges	14,0	–	26,1	12,1	–	17,7	70,0	523
212	Givors...............	14,1	–	2,8	1,8	3,7	9,4	32,0	625
213	Saint-Malo	11,3	6,6	22,6	7,5	–	1,8	50,0	836
214	Louviers	12,2	10,3	0,9	1,8	0,9	–	26,4	782
215	Saint-Lô.............	37,7	–	16,0	19,8	2,8	10,4	86,7	880
216	Vierzon-ville (a).........	• 4,7	»	• 5,7	• 35,2	• 11,4	• 13,3	• 70,4	• 379
217	Saint-Mandé (a)..........	• 44,7	»	• 7,6	• 11,4	• 0,9	»	• 64,7	• 562
218	Toul	5,7	4,7	6,6	4,7	5,7	0,9	28,5	671
219	Vitré (a)	• 1,9	• 8,6	»	• 2,8	»	• 0,9	• 14,2	827
220	Anzin	–	–	–	18,2	0,9	7,7	27,0	596
221	Pamiers	37,8	–	4,8	9,7	4,8	21,3	78,6	677
222	Vichy (a).............	• 16,5	»	»	• 4,8	• 3,8	»	• 25,2	• 488
223	Dax.................	15,5	45,6	1,9	21,3	1,9	0,9	87,3	721
224	Orange	19,4	6,8	16,5	4,8	–	0,9	48,5	633
225	Fontenay-le-Comte.........	15,6	–	0,9	23,5	5,8	0,9	47,0	598
226	Montrouge (a)	• 3,9	• 0,8	• 14,8	• 11,8	• 3,9	• 1,9	• 36,6	• 481
227	Petit-Quévilly (a).........	• 18,8	• 0,9	• 8,9	• 4,9	• 2,9	• 0,9	• 37,6	• 601
228	Dinan	35,6	18,8	11,8	6,9	–	0,9	74,2	979
229	Riom	13,9	4,9	16,9	11,9	19,9	0,9	68,7	809

ANNEXE.

TABLEAU DES VILLES N'AYANT FOURNI QUE DES RENSEIGNEMENTS NULS OU INCOMPLETS
POUR LA PÉRIODE TRIENNALE 1886, 1887, 1888.

GROUPES.	NUMÉROS D'ORDRE.	RENSEIGNEMENTS nuls.	RENSEIGNEMENTS incomplets.	1886.	1887.	1888.	POPULATION PAR VILLE.	POPULATION PAR GROUPE.	NOMBRE DE VILLES par groupe.
I......	16		Angers..........	1893	1887	1888	73.044	117.222	2 villes.
	37		Caen...........	1886	1887	1888	44.178		
II......	43		Cherbourg.......	1886	»	»	37.013		7 villes.
	45	Poitiers	....	1886	1887	1898	36.878		
	58		Narbonne.......	1886	»	»	28.378		
	60		Valenciennes.....	1886	»	»	27.327	205.117	
	62		Montluçon.......	1886	1887	1888	26.960		
	72		Tarbes..........	1886	»	»	24.453		
	74		La Rochelle......	1886	»	»	24.108		
III.....	85	Chartres.........		1886	1887	1898	21.903		4 villes.
	88	Moulins.........	....	1886	1887	1888	21.721	81.875	
	95		Chambéry.......	»	»	1888	20.795		
	116	Auxerre.........		1886	1887	1898	17.456		
IV.....	125	Quimper	....	1886	1887	1888	16.748		4 villes.
	127		Thiers..........	»	»	1888	16.426	62.873	
	134		Lambézellec......	1886	»	»	15.664		
	159		Sens...........	1883	»	»	14.035		
V......	162		Colombes........	1886	»	»	13.971		6 villes.
	165		Flers	»	1887	1898	13.709		
	166	Laon............	....	1886	1887	1888	13.698	80.866	
	167	Hyères		1886	1897	1888	13.495		
	171		Bailleul	»	»	1888	13.362		
	176		Chantenay.......	1886	»	»	12.641		
VI......	204		Douarnenez......	1886	»	»	10.923		11 villes.
	205	Mayenne	....	1886	1887	1888	10.845		
	208	Sables-d'Olonne..	....	1886	1887	1888	10.731		
	209		Liévin	1886	»	»	10.713		
	210		La Ciotat.......	1886	»	»	10.699		
	216		Vierzon–ville....	1886	»	»	10.514	115.959	
	217		Saint-Mandé	1886	»	»	10.492		
	219	Vitré		1886	1887	1898	10.447		
	222		Vichy	1886	»	»	10.344		
	226		Montrouge.......	1886	»	»	10.147		
	227		Petit-Quévilly....	1886	»	»	10.114		
TOTAUX...	....	10	24	30	14	17	603.912		34

www.ingramcontent.com/pod-product-compliance
Lightning Source LLC
Chambersburg PA
CBHW070906210326
41521CB00010B/2085